大展好書　好書大展
品嘗好書　冠群可期

大展好書　好書大展
品嘗好書　冠群可期

少女遍羅（約15公分）

A 棘蝶魚

棘蝶魚是領域意識相當強烈的族群，應避免同種同族混養。幾乎都為雜食性及肉食性，且種類繁多，是很容易飼養的魚群。

幼魚、成魚在身體花樣及色彩幾乎完全不同，為此魚群的一大特徵。

藍面魚

學名：Pomacanthus xanthometopon
俗名：藍面魚
分布：印度洋～西太平洋

- 在棘蝶魚中是屬於性格較為溫馴的種類，與其它棘蝶魚混養時需特別注意。
- 在棘蝶魚中價位較為便宜，但具有華麗外觀。

給生手的建議：○

虎皮王（♀）

學名：Genicanthus melanospilos
俗名：虎皮王
分布：印度洋～西太平洋

- 雄魚與雌魚在顏色上有所差別。
- 與其它棘蝶魚相比，具有獨特的形狀。

給生手的建議：○

藍紋（幼魚）

學名：Pomacanthus semicirculatus
俗名：藍紋
分布：印度洋～太平洋

- 成魚的上、下鰭成帶狀。
- 攝食簡單，容易飼養。
- 幼魚可在小型水族箱內飼養，故較成魚受歡迎。

給生手的建議：○

火焰新娘

學名：Centropyge loriculus
俗名：火焰新娘
分布：中太平洋～西太平洋

- 分布於夏威夷群島的魚群，紅色更加鮮艷，價格較高。
- 攝食容易。
- 在棘蝶魚中屬於體型較小的一種，可在小型水族箱中飼養。

給生手的建議：○

石美人

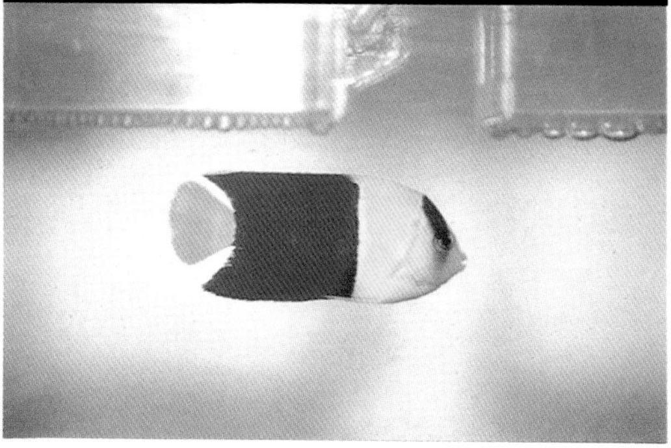

學名：Centropyge bicolor
俗名：石美人
分布：中太平洋～西太平洋

- 身上有黃及寶藍二色，色彩鮮艷。
- 容易飼養。
- 在棘蝶魚中屬於體型較小的一種，可在小型水族箱中飼養。
- 最好不要和大型魚混養。

給生手的建議：○

女王神仙

學名：Holacanthus ciliaris
俗名：女王神仙
分布：西太平洋

- 又稱加勒比海女王，色彩非常鮮艷。
- 幼魚可在小型水族箱內飼養。
- 飼養成魚時，如果水族箱為60公分，最好選擇15公分左右的魚來養。

給生手的建議：△

美國神仙

學名：Holacanthus clarionensis
俗名：美國神仙
分布：東太平洋

- 生命力強但魚性凶暴，需注意。
- 色彩鮮艷，極受歡迎。
- 分布區域狹窄，是相當珍貴的魚種，故價格並不便宜。
- 幼魚可在小型水族箱內飼養。

給生手的建議：×
（因入貨量少，價格高昂）

長鞍神仙

學名：Pomacanthus navarchus
俗名：長鞍神仙
分布：西太平洋

- 其性格與名字正好相反，是相當膽小的魚群。
- 最好不要與其它棘蝶魚混養。

給生手的建議：△
（因生性膽小，與其它棘蝶魚混養時較難攝食）

皇后神仙魚（成魚）

學名：Pomacanthus imperator
俗名：皇后神仙魚
分布：印度洋（紅海）～太平洋

- 棲息於印度洋者，背鰭後方為圓形；棲息於太平洋者，背鰭後方為帶狀。
- 在60公分的水族箱內飼養成魚時，最好選擇大小約15公分者。

給生手的建議：△

大花面（幼魚）

- 幼魚又稱大花面。
- 可在60公分的水族箱內飼養，相當受人歡迎。

給生手的建議：○

黑寶馬

學名：Chaetodontoplus melanosoma
俗名：黑寶馬
分布：西太平洋

• 性格溫馴

給生手的建議：△
（與其它棘蝶魚混養時，可能會遭欺負）

黃金新娘

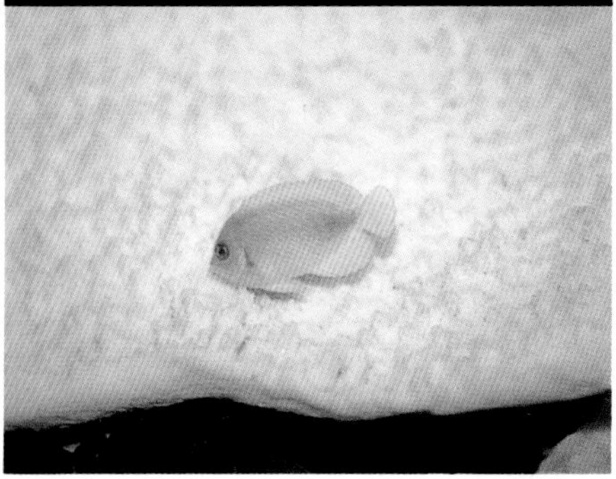

學名：Centropyge flavissimus
俗名：黃金新娘
分布：中太平洋～西太平洋

• 全身為檸檬黃色，只有眼睛四周及鰭的一部分點綴著藍色。
• 在棘蝶魚中屬於小型種，可在小型水族箱內飼養。
• 與其它大型棘蝶魚混養時，可能會遭欺負。

給生手的建議：△
（需注意水質的變化）

半月神仙

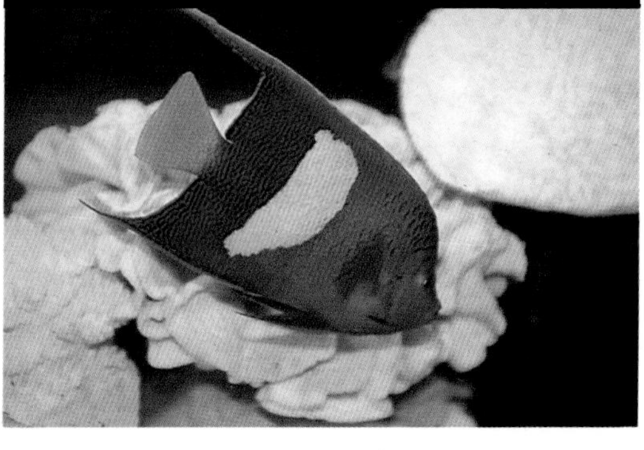

學名：Pomacanthus maculosus
俗名：半月神仙
分布：印度洋（紅海）

• 上下鰭成帶狀
• 隨著情感的變化，魚體的青紫色會時而變濃，時而變淡。
• 在60公分的水族箱內飼養成魚時，最好選擇大小約15公分者。

給生手的建議：△
（由於族群觀念極強，最好不要和其它強勢棘蝶魚混養）

B 蝶 魚

因其色彩如蝴蝶般華麗，故稱為「蝶魚」，英文則稱之為「Butterfly」。

主食為珊瑚蟲，供給不易，必須注意。

學名：Heniochus acuminatus
俗名：關 刀
分布：印度洋～太平洋

- 攝食容易，易飼養。
- 背鰭極長，頗受歡迎。

給生手的建議：○

關 刀

人字蝶

學名：Chaetodon auriga
俗名：人字蝶
分布：印度洋～太平洋

- 蝶魚一般而言因為供食不易，故很難長期飼養。不過，人字蝶在蝶魚當中，算是較容易餵食，生命力較強的一種。
- 棲息於紅海的人字蝶，背鰭邊緣沒有黑點。

給生手的建議：○

紅尾蝶

學名：Chaetodon xanthurus
俗名：紅尾蝶
分布：西太平洋

• 餵食輕鬆，故容易飼養。

給生手的建議：○

網　蝶

學名：Chaetodon rafflesi
俗名：網蝶
分布：印度洋～太平洋

• 生命力強，容易飼養。

給生手的建議：○

月眉蝶（幼魚）

學名：Chaetodon lunula
俗名：月眉蝶
分布：印度洋～太平洋

• 經常在珊瑚礁海域看到的魚群。
• 攝食容易，易飼養

給生手的建議：○

學名：Chaetodon ephippium
俗名：月光蝶
分布：印度洋～太平洋

多為超過15公分的大型魚。
背鰭後方成帶狀延伸。

給生手的建議：△
（容易褪色）

學名：Chaetodon semilarvatus
俗名：黃金蝶
分布：紅海

- 色彩鮮艷、生命力強，頗受養殖者歡迎。
- 僅分布於紅海

給生手的建議：△

帝王蝶

學名：Chaetodon tinkeri
俗名：帝王蝶
分布：中太平洋

- 屬於熱帶性海水魚，棲息於深水海域。
- 攝食容易，生命力強。

給生手的建議：△
（價格很高）

火箭蝶

學名：Forcipiger flavissimus
俗名：火箭蝶
分布：印度洋～太平洋

- 口部前端成管狀，非常可愛，故頗受歡迎。

給生手的建議：△
（進食速度相當緩慢，餵養時需特別注意）

黑面蝶

學名：Chaetodon flavirostris
俗名：黑面蝶
分布：中太平洋、澳大利亞

- 顏色美麗而具有魅力，但很難飼養。
- 屬雜食性魚類，但適合在水族箱內餵養的飼料不多。

給生手的建議：×
（很難在水族箱內長期飼養）

三間火箭

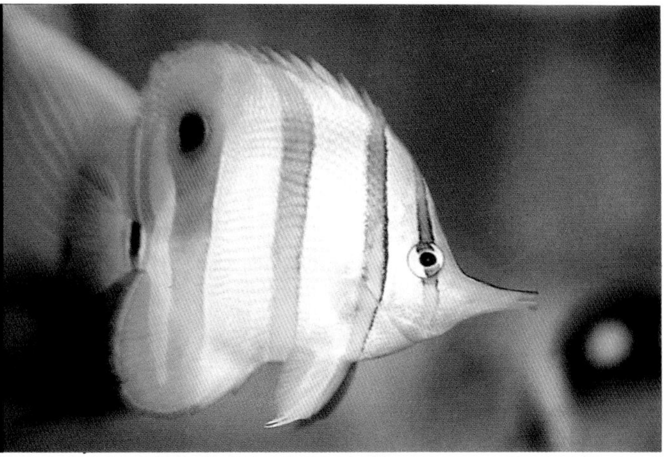

學名：Chelmon rostratus
俗名：三間火箭
分布：西太平洋

- 專吃大型餌食，餵養不易，且進食時間頗長。
- 色彩鮮艷，口部前端呈管狀。

給生手的建議：△
（進食速度緩慢，混養時宜多加注意）

學名：Chaetodon collare
俗名：紅尾珠沙蝶
分布：印度洋～西太平洋

- 餵食不易
- 非常纖細，混養時需特別注意。

給生手的建議：△
（太過於纖細）

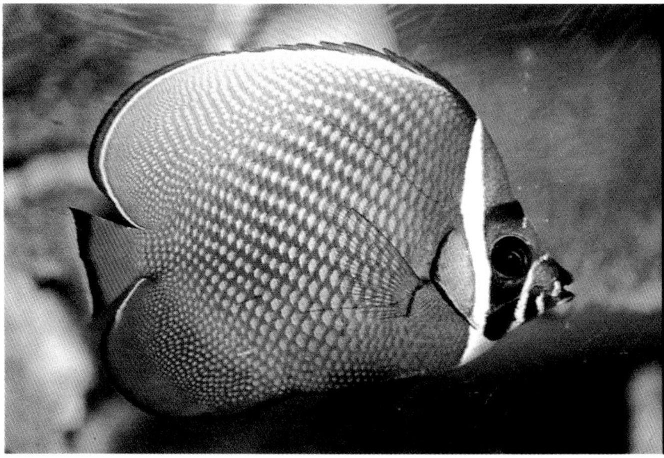

紅尾珠沙蝶

C 粗皮鯛科

尾鰭有一根根如刀般銳利的尖棘，英文稱之為「Surgeon」（外科醫生），日本人則暱稱其為「針」。

偏好藻類食物，可給予海苔及植物質較多的人工乾燥飼料。

黃三角倒吊

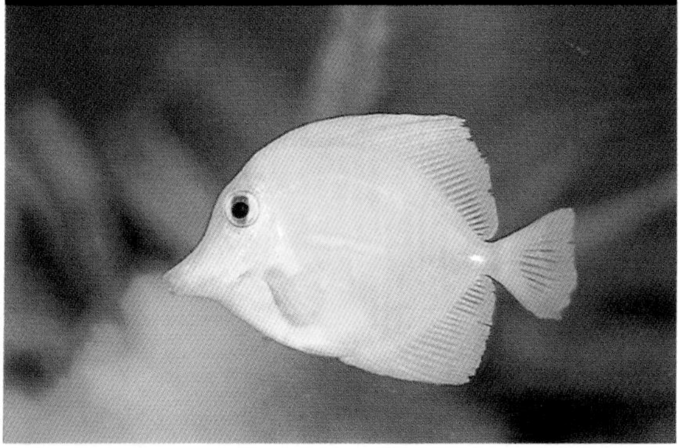

學名：Zebrasoma flavescenes
俗名：黃三角倒吊
分布：印度洋～太平洋

- 攝食容易，生命力強，在針魚中相當受歡迎。
- 市面上有賣小型的黃三角倒吊，可在60公分的水族箱內飼養。
- 避免同種同族混養。

給生手的建議：○

印度天狗倒吊

學名：Naso lituratus
俗名：印度天狗倒吊
分布：印度洋（紅海）～太平洋

- 通常可在珊瑚礁海域發現
- 個性溫馴，適合混養

給生手的建議：○

粉藍倒吊

學名：Acanthurus
leucosternon
俗名：粉藍倒吊
分布：印度洋

- 色彩鮮艷，頗受歡迎。
- 個性凶殘，避免同種同族混養。

給生手的建議：△
（性格凶暴）

藍 倒 吊

學名：Paracanthurus
hepatus
俗名：藍倒吊
分布：印度洋～太平洋

- 在日本珊瑚礁海域經常可見的魚類。
- 色彩鮮艷、頗受歡迎
- 經常躲在珊瑚當中裝死。

給生手的建議：○

D 雀　鯛

雀鯛生命力強，給食容易，是適合生手飼養的種類。
以小型種居多，可在60公分的水槽內複數飼養，但因性格強悍，故應避免同一種類混養。

小　丑

學名：Amphiprion clarkii
俗名：小丑
分布：印度洋～西太平洋

- 與海葵共生，相當受人歡迎。
- 生命力強，容易飼養。

給生手的建議：○

公子小丑

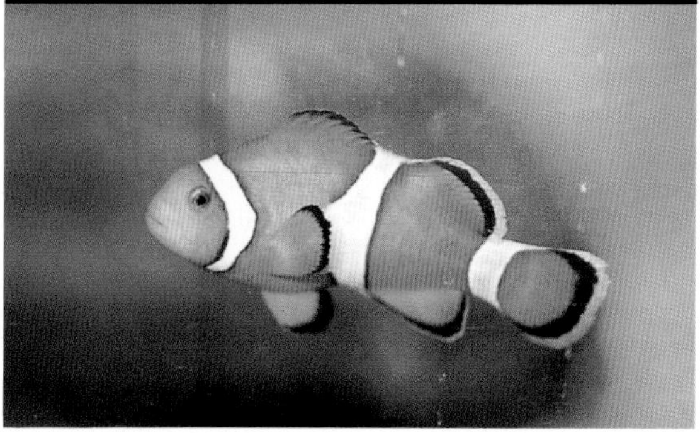

學名：Amphiprion ocellaris
俗名：公子小丑
分布：西太平洋

- 在小丑魚中屬於體型較小的一種。
- 生命力強，容易飼養，相當受人歡迎。
- 非常膽小，故最好不要和其它小丑魚混養。

給生手的建議：○

四間雀

學名：Dascyllus melanurus
俗名：四間雀
分布：西太平洋

- 多半棲息於支狀珊瑚礁附近。
- 生命力強，容易飼養。
- 性格強悍，應避免與同種同族或其它小丑魚混養。

給生手的建議：△

二間雀

學名：Dascyllus reticulatus
俗名：二間雀
分布：印度洋～西太平洋

- 群居於支狀珊瑚礁海域

給生手的建議：△

學名：Dascyllus trimaculatus
俗名：三點白
分布：印度洋～西太平洋

- 幼魚時期與海葵共生。
- 長為成魚後，白色斑點會變小。
- 生命力強，容易飼養，但性格凶暴，應避免與其它雀鯛混養。

給生手的建議：△
（性格凶暴）

三點白

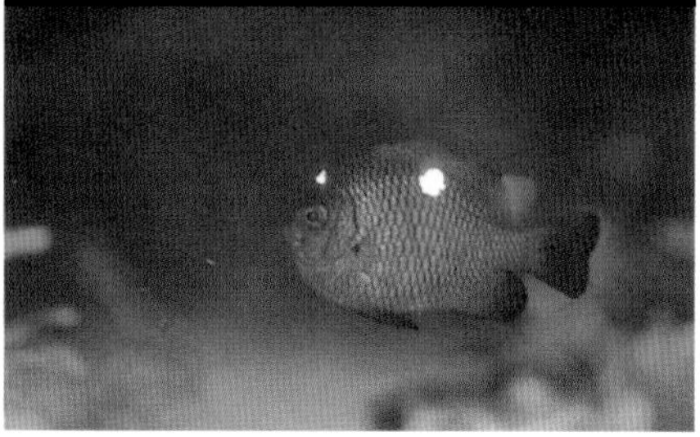

水銀燈

學名：Chromis viridis
俗名：水銀燈
分布：印度洋～太平洋

- 身體顏色會隨著照明程度而改變。
- 通常都是一大群棲息於支狀或平台珊瑚礁附近。
- 在雀鯛當中個性算是相當溫馴的，適合混養。

給生手的建議：○

藍魔鬼

學名：Chrysiptera cyanea
俗名：藍魔鬼
分布：印度洋～西太洋

- 分布範圍極廣。
- 生命力強、容易飼養，但應避免同種同族混養。

給生手的建議：△
（領域意識極強，必須注意）

鞍背小丑

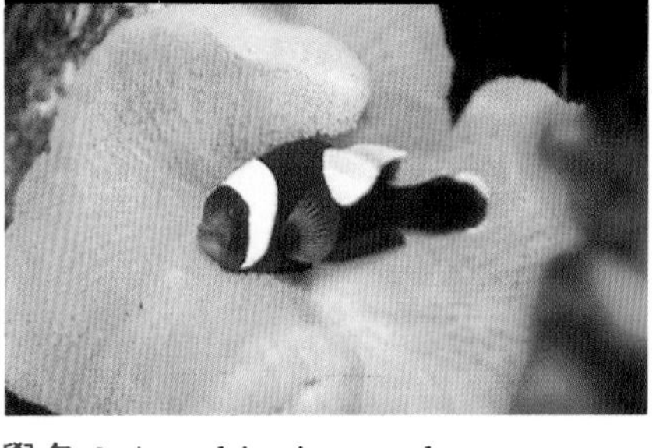

學名：Amphiprion polymnus
俗名：鞍背小丑
分布：印度洋～西太平洋

- 和其他小丑魚一樣，與海葵共生

給生手的建議：○
（與其它小丑魚相比入貨量較少）

黃尾藍魔鬼

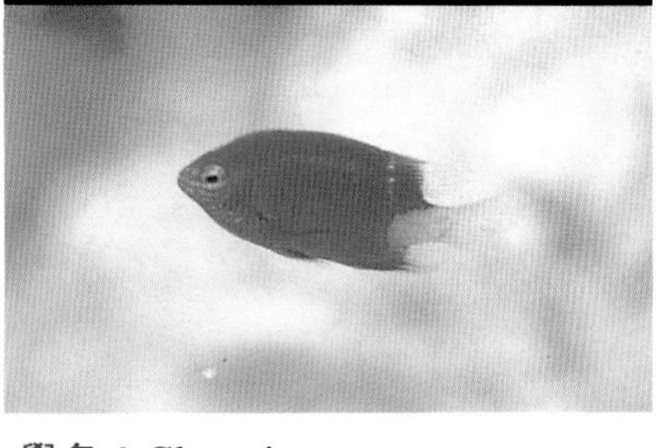

學名：Chrysiptera parasema
俗名：黃尾藍魔鬼
分布：印度洋～中太平洋

- 生命力強，容易飼養，但應避免同種同族混養。
- 尾鰭為黃色，非常可愛。

給生手的建議：△
（領域意識極強，必須注意）

序言

海水魚的魅力，在於其華麗的色彩及巧妙的造形。許多在陸地上難得一見的色彩，卻在海水魚身上一一展現。衆多海水魚飼養家都是因為對其色彩及造形大為傾倒，才開始飼養的。

在太陽系的行星當中，地球是唯一擁有天空及海水的星球，其中單是海水就占去地球表面的三分之二。美中不足的是，人類對海洋的認知其實相當有限。不過，這也正是海洋的最大魅力所在。

人類應該算是地球的支配者吧？

當你與以海為家的海豚擦身而過時，應該可以實際感受到海洋神秘的部分。從寧靜的海域中，海水魚飼養者感受到宛如在母體的呼吸，而活躍於其中的海水魚，更增添了他們對海的喜愛。

因此，堆砌一個「屬於自己的海域」，便成為海水魚飼養者最大的夢想。

人們之所以認為「海水魚很難飼養」，是基於以下二個理由。

那就是水族箱的選擇和飼養技巧。

飼養海水魚時，首先必須具備過濾能力非常好的淨化裝置。而市面上所販賣的水族箱，大多是供淡水魚使用。生手若是以淡水魚用的水族箱來飼養海水魚，當然會遭到挫折。

由於維護費時，很多海水魚飼養者在養了一陣子後，便宣告放棄。再者，由於淨化能力很差，因此海水魚通常無法長期飼養。

在飼養技巧方面，必須注意海水魚的組合。另外，在剛開始飼養時，最好選擇生命力較強的海水魚。

正因為海水魚的飼養不易，故生手有生手的樂趣，已經得知其中奧妙的老手也樂此不疲。

不可否認地，海水魚是能夠撫慰人心的好朋友，故飼養風氣的普及可以預見。

最後，謹在此感謝參與本書編著，在化學及生理學上給與諸多協助的內山一行先生，以及負責編輯的池田書店，編輯部的各位先生、小姐。

海水魚研究所所長　**田中智浩**

目錄

序言……一七

I 海水魚的介紹

A 棘蝶魚……二

B 蝶魚……七

C 粗皮鯛科……一二

D 雀鯛……一四

II 海水魚的飼養

A 海水魚與金魚的不同……二四

B 飼養海水魚的基本知識……二八

・何謂海水魚……二八

・海水魚玩家……三三

・海水……三五

・水槽……四〇

・肉眼看得到與肉眼看不到的過濾……四三

・過濾系統……四六

III 基本配備的介紹

A 水族箱與過濾系統……五〇

・水族箱……五〇

・過濾系統的重要性……五一

・成為良質水族箱系統（包含過濾系統）的條件……五二

・過濾系統的種類……五二

B 上架式過濾系統……五四

・過濾槽的安置場所……五六

・過濾系統的構造……五六

・使用上部式過濾系統時的注意事項……五七

C 溢流式過濾系統……五九
・過濾系統的設置場所……五九
・構　造……六〇
D 其它過濾系統簡介……六二
・底部式過濾系統……六二
・底部式、上部式併用過濾系統 六四
・密閉式過濾系統……六六
E 「水族箱系統」與其它的關係……六七
・預算、過濾能力、維護、
周邊配備的連接……六七
F 比重計……六八
G 水溫計……六八
・玻璃製……六九
・數據式……六九
H 保溫器具……七〇
・水族箱大小與加熱容量的關係 七一
・恆溫加熱器……七二
I 照明器具……七三
・強化照明的缺點及對策……七三
・照明器具的種類……七四
・水族箱大小與照明器具的關係 七四
J 空氣循環……七五
・空氣循環的目的……七五
・空氣循環的必要器具……七五
K 人工海水……七八
L 濾　材……七九
IV 水族箱的設置
・其它海水生物……九四
V 飼食方法
A 選擇方法……九八
・從容易飼養的海水魚開始……九八
・選購時的注意事項……一〇四

・魚隻的組合……一〇五
B 放入水族箱的方式……一〇八
C 魚 餌……一一二
・種類……一一二
①蛤蜊……一一二
②小魚……一一三
③魚卵……一一三
④豐年蝦……一一三
⑤冷凍餌……一一三
⑥薄片狀餌……一一四
⑦小顆粒狀餌……一一四
⑧南極蝦……一一四
⑨大型魚的基本餌……一一五
⑩補充植物質的餌……一一五
⑪乾燥豐年蝦……一一五
⑫錠劑狀餌……一一六
⑬海苔……一一六
・馴餌……一一七
・給食方式……一一九
D 放入魚隻的時期判斷
水質檢驗……一二〇
・放入魚隻的時期判斷……一二〇
・水質檢驗……一二一
E 換 水……一二四
・換水的時期與量……一二四
・應該準備的東西……一二四
・人工海水的製造方法……一二六
・換水的順序……一二七
F 定期保養……一三一
・清理濾材……一三一
・清理順序……一三一
・清除青苔……一三二
・結晶鹽……一三三
・加水……一三四

VI 設備升級

A 冷卻系統……一三六
・同時加裝加熱器與冷卻器時……一三六
B 殺菌燈（UV燈）……一三八
C 蛋白質分離器與臭氧發生器……一四二
・蛋白質分離器……一四二
・臭氧發生器……一四四

VII 飼養海水魚的注意事項

A 使用器具時的注意事項……一四六
B 設置水族箱時的注意事項……一四七
C 飼養方法的注意事項……一五一
・選擇魚隻時的注意事項……一五一
・日常管理的注意事項……一五三
・換水、清理濾材時的注意事項……一五七

VIII 疾病的介紹

A 預　防……一六〇
・避免水溫急遽變化……一六〇
・需格外注意水質……一六二
・注意不可一次放入太多魚隻……一六三
・清潔魚……一六四
B 症狀及預測的病名……一六五
C 疾病的說明及治療方法……一六六
・白點病……一六六
・淋巴囊腫症……一七四
・爛尾鰭病……一七六
・凸眼症……一七七
・拒　食……一七八
・外　傷……一七九

II　海水魚的飼養

A 海水魚與金魚的不同

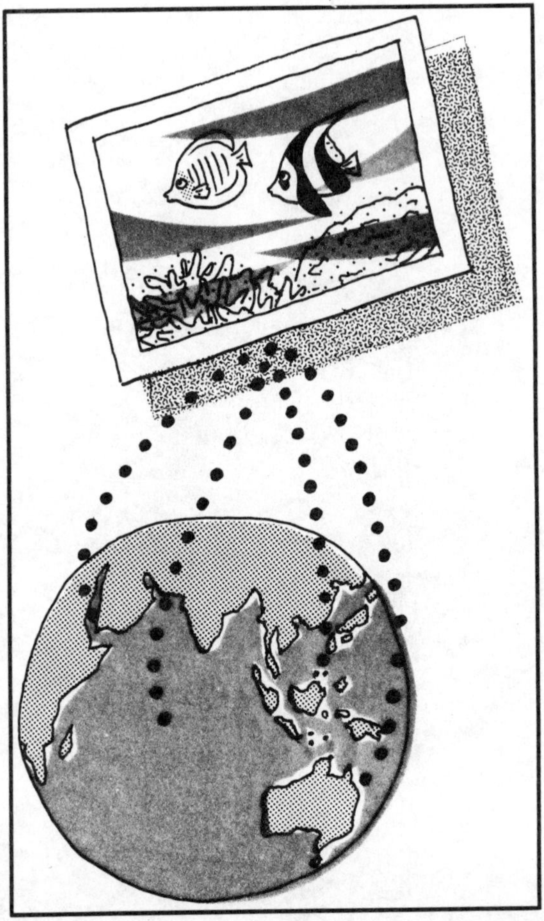

海水魚所棲息的海洋遍布世界各地，例如太平洋、印度洋、紅海、菲律賓、沖繩、礁岸、岩岸……等等。

棲息於珊瑚礁海域的海水魚，與公園池塘裡的金魚有何不同呢？以下僅就其環境的差異來作一分析、比較。

以面積來說，海洋占去地球總面積的三分之二，金魚所棲息的池塘，根本無法望其項背。

以深度來說，海水魚所棲息的海域，其深度遠超乎人類所能想像。

金魚的棲息處只是公園角落裡的一個小池塘

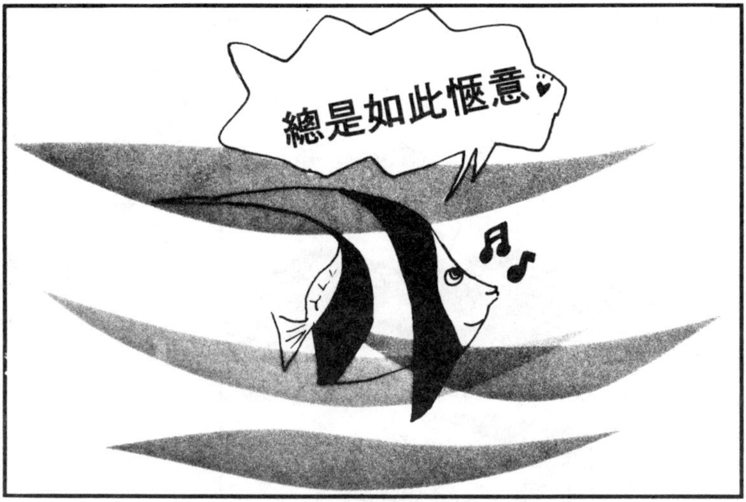

海水魚所棲息的珊瑚礁海域一年四季陽光不斷，
而金魚所棲息的池塘，水溫的變化非常劇烈

那麼水溫又如何呢？

珊瑚礁海域一年四季都很溫暖，而且溫度一定，棲息於珊瑚礁地區的魚群多半不知寒冷為何物。

反之，棲息於池塘的金魚，則必須歷經炎熱的酷暑及嚴寒，甚或結冰的寒冬。

是以金魚對於水溫變化頗能適應。

以光線來說，珊瑚礁海域在南國陽光的照射下，一年四季陽光充足。以水的透明度來說，珊瑚礁海域到處都是蔚藍一片，優游其中的魚群在南國陽光的照射下閃閃生輝。反之，金魚所棲息的池塘則污濁不堪，有時甚至連在池內的金魚也看不清楚。

再來看看最重要的水質問題。海洋具有大自然所賦予的淨化作用，因而海中生物可以恆常性地生活在清淨、穩定的水質當中。

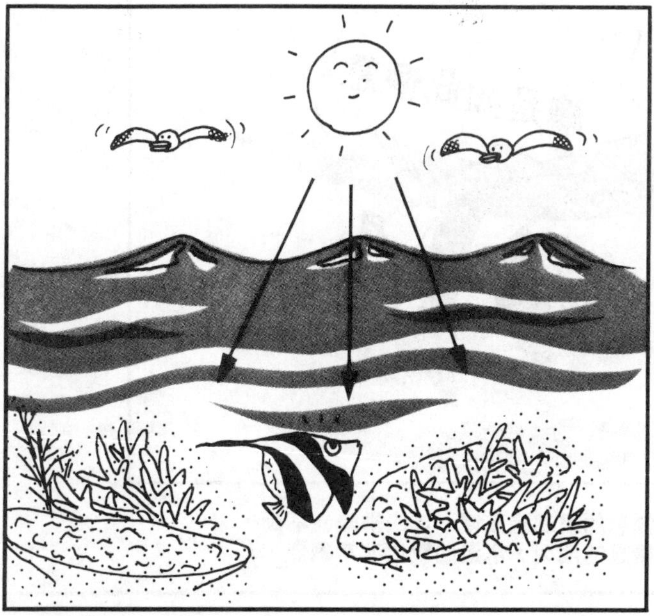

一年四季都沐浴在南國陽光下的海水魚

金魚所棲息的池塘不但污濁，有時甚至髒不見底

由於海水魚與金魚在生長環境上有如此大的差異，因此飼養條件當然也有所不同。

棲息於珊瑚礁的海水魚，必須生活在安定的環境中，故與金魚相比，對環境變化的適應力相當薄弱，是屬於比較敏感、纖細的生物。

飼養海水魚時，必須提供明亮的陽光、溫暖且固定的水溫等接近自然的環境，同時利用人工淨化裝置使水質經常保持良好狀態。換言之，維持水族箱內固定而良好的狀態，避免急劇的環境變化等，是飼養海水魚的基本條件。

和必須忍受各種環境，如透明的水質、污濁的水質等的金魚相比，生活在經由長久歲月所建築而成的自然淨化裝置裡的海水魚，對環境變化的抵抗力較弱，是屬於相當嬌貴的生物。

B 飼養海水魚的基本知識

何謂海水魚?

所謂的「海水魚」，是指棲息於海洋的魚類。經常出現在餐桌上的「鮪魚」、「秋刀魚」等，當然是海水魚的一種。不過，如果僅就觀賞目的而言，則是以棲息於南國海域的珊瑚礁、色彩瑰麗的海水魚為對象。相對於海水魚，棲息於池塘、湖邊、河邊的魚類，稱為「淡水魚」，較常見者如金魚、鯉魚等。

有些魚類會棲息於靠近海洋的河口，亦即海水與淡水混合的中間地帶；或是生在淡水但在海中長大，及至產卵時才再返回河域，例如鱒魚。

「熱帶魚」一般是對棲息於熱帶地區魚類的總稱，但在日本則是指「熱帶性淡水魚」，也就是指棲息於熱帶地區的池塘、沼澤、河川的魚類。當然，棲息於珊瑚礁海域的魚類，也是屬於熱帶魚，只是與日本所說的「熱帶魚」有所不同。

先前說過海水魚很難飼養，而一般家庭基於觀賞目的而飼養的熱帶性魚類，通常都是屬於熱帶性淡水魚。為了加以區別，我們特地將海水魚與熱帶魚分開來。

日本人飼養海水魚的風氣，直到現在才逐漸普及。反觀歐美，早已分為「珊瑚礁魚」與「熱帶魚」二種不同的稱呼，由此可知其飼養海水魚的歷史，遠比日本悠久。

接下來要為各位介紹的，是幾種較為常見的觀賞用海水魚。

●威嚴的大型棘蝶魚

棘蝶魚可說是海水魚的代表。即使冠以國王或皇后稱號也不過分的大型棘蝶魚，不僅外表美麗，而且生命力強、容易飼養，是相當受歡迎的魚類。

大多數的棘蝶魚、幼魚、成魚在色彩及模樣上全然不同（請參照第I章第五頁）。從幼魚開始飼養，觀察其在成長過程中的變化，也是一種樂趣。

●其它各種棘蝶魚

同樣是棘蝶魚，體型較小的 Centropyge 屬，可同時在水族箱內飼養好幾條。至於體型與其它棘蝶魚不同的Chaetodontoplus屬，雌雄模樣不同為其特徵。另外，俗稱虎皮王的棘蝶魚，最著名的是可以做性別轉換。

●外表華麗，頗受歡迎的蝶魚

與棘蝶魚同樣受歡迎的，是外表華麗的蝶魚。蝶魚的身影在世界各地的海洋都可看到，而且種類最多，其中當然也包括了亞深海性蝶魚。部分蝶魚的幼魚，會隨著黑潮來到日本千葉縣、神奈川縣以南的磯岩。將親自撈捕的魚類，養在自家的水族箱內，會帶給你另一種截然不同的喜悅。

●從名角到外科醫生

體型小巧，看起來非常可愛的雀鯛，是水族箱中的名角。喜歡海水魚的人，多半會在自家的水族箱內養上幾條。在世界各地的海洋均可看到，體型雖小，個性卻非常強悍。

雀鯛因為尾鰭部分有尖刺，故英文稱之為「外科醫生」，以南洋雀鯛為代表。

至於其它頗受海水魚養殖者喜愛的深水魚，則有數百種之多。

●充滿魅力的色彩及姿態

在飼養海水魚的世界裡，充滿了各種令人永不厭倦的魅力。不管是哪一種魚，都具有鮮艷奪目的色彩，這也正是海水魚的魅力所在。例如火焰般的火焰新娘、藍得令人眼前一亮的藍魔鬼及閃爍如黃金般的黃金新娘等，棲息於珊瑚礁海域的魚，可說是悠游於海中的寶石。

海水魚的魅力不光在於色彩，也在於它的型態。

例如嘴巴長如吸管般的火箭蝶、斑點各異或有著漂亮魚鰭的各種魚類，每一種海水魚都展現出個性化的外表，令人嘆為觀止。

●海中藝術品

除了色彩、姿態外，花樣也千差萬別。有的是深紫色如日月一般，或如同網狀花樣的網蝶魚。條紋狀、圓珠狀、斑點狀的，大海中可說集各種美麗藝術品於一身。

有趣的是，在魚類世界裡，我們將有橫條紋的稱為「縱紋」，有縱條紋的卻稱為「橫紋」，像橫紋棘蝶就是最好的例子（請參照圖解部分）。

魚類名稱的由來給人想像的空間，本身就是一種樂趣。

有些魚類身軀嬌小、性格溫馴，但卻有著不同於其本質的名稱，例如水銀燈。另外，有些魚類的學名相當拗口，故一般都是以俗名來稱呼。

飼養海水魚以外的生物

除了海水魚以外，還可以飼養總稱為無脊椎動物的生物，例如蝦、蟹、珊瑚類、海葵等。飼養無脊椎動物時，對水質的要求必須高於海水魚。

近來由於技術進步，生手要同時飼養多種無脊椎動物，已無太大困擾。以前只有在水族館才看得到的

習慣了飼主的海水魚，在飼主靠近時會上前索餌。據說，有些飼主因為喜歡看魚向自己索餌的可愛模樣，甚至提早回家親自餵魚呢！

集體攝食

某些雌雄有別的魚類，可以成雙成對飼養。看著魚兒成雙成對地攝食，往往令人不禁會心一笑。

在水族箱內繁殖成功的例子極為罕見，因此飼養海水魚的另一種樂趣，就是向不可能挑戰——在水族箱內進行繁殖。一旦繁殖成功，將會令你對飼養海水魚更加著迷。

經過長時間飼養的海水魚，會習慣於主人的靠近。當主人走近餵食時，牠們會主動靠過來。剛開始飼養海水魚的人，或許會覺得不可思議，但是魚的確懂得分辨飼養牠的主人。有些人在養了魚以後，為了親自餵食，久而久之便養成提早回家的習慣。

海葵與小丑魚共生的畫面，如今也可以開始在自家的水族箱中嚐試一番。

●在自家建造一座海洋

你曾經看過夜晚的海洋嗎？拿盞小燈，悄悄走近水族箱邊，仔細看看這個與白天全然不同的世界吧！

在水族箱內的魚兒，靜靜地隱身在裝飾用的岩石及珊瑚的縫隙間。原本色彩鮮艷的魚兒，夜裡睡覺時，身上的色彩會黯淡許多，這是為了防止天敵近身的一種自然現象。單是看魚兒的「睡姿」，就是一件非常愉快的事情。

有些魚夜裡入睡時，會分泌粘液把自己包住，就如同自備睡袋一般。

有些魚不喜歡光線，屬於夜間活動的夜行性生物。白天它總總是躲在陰暗的角落裡，入夜以後才開始活動。以最能展現貝殼之美聞名的寶貝，也在水族箱內四處覓食。其突起的外套膜將殼整個包裹住，看起來一點也不像是貝殼。一旦接觸到光線，它就會慌忙而迅速地逃到岩石的陰暗處躲藏。

裝飾性珊瑚礁

蝦子緊緊趴在石頭上，尾巴上揚，拼命踢著水。原來，在它腹部的卵已經開始孵化了。無數個體長不到一㎜的小蝦，接連自母蝦的腹部竄出。如果不是飼養在水族箱內，根本無法目睹海中生物產子的珍貴畫面。

海水魚世界的魅力，很難一語道盡。海水魚存在於沖繩、菲律賓、夏威夷、紅海、加勒比海及世界各地的海洋。不過，各個海域所棲息的種類不盡相同。

試著想像一下。如果能在家中建造一個自己獨有的海洋世界，那會是多麼令人愉快的事啊！

海水魚玩家

透過飼養海洋生物，在自家也能享受海洋樂趣的人，稱為「海水魚玩家」。

海以地球性的規模不斷進行循環，產生自然淨化作用。藉著自然淨化作用，一切生物得以取得平衡、孕育各自的生命。事實上，海本身就是巨大的生物體。要將自然的海洋，搬到家裡的小水族箱內，絕對不是一件容易的事。

不過，在飼養技術及飼養器具非常進步的現代，任何人都能充分享受飼養海水魚的樂趣，成為海水魚玩家。

飼養海水魚的最重要關鍵，在於維持「適合飼養的水質」。也就是如何在沒有自然淨化作用的情況下，以人工方式使水質保持純淨。從這點來看，所謂飼養技術的進步，其實就是人工淨化裝置研究的進步。

飼養技術及器具之所以能不斷地進步，是由於海水魚玩家在一次次錯誤的嘗試中累積經驗所致。有關一般家庭飼養海水魚的

回到自己的家中，入眼就可看到來自世界各地的海水魚們正在迎接你的歸來。一個「屬於自己的海洋」，在你面前延伸著。

歷史究竟始於何時，目前還不得而知。

●從「曾經飼養」到「即將飼養」的時代

飼養海水魚的起源，可能是有人將磯釣所得的生物帶回家中飼養。不過，當時並沒有所謂的海水魚飼養用器具，而且水族箱又多半是金屬製品，用一陣子就生銹了。

當時人們雖然知道淨化裝置（稍後再詳加介紹）對飼養海水魚的重要性，但市面上所販賣的，卻是專供飼養淡水魚用的過濾裝置。有心人為了飼養海水魚，只好自己動腦筋發明適用的淨化裝置。

不論是自行調配的人工海水，或是從海邊運來天然海水，都必須花費一番心力。在當時一些入門書籍中，曾經介紹人工海水的處方。只是在檢驗水質方面，並沒有像現在這麼簡便的測量計。而裝設水族箱的房間，看起來有如科學實驗室一般，絲毫沒有美感可言。

最近，愈來愈多家庭喜歡在客廳擺個養著海水魚的水族箱作為裝飾。而在飼養裝備上，也很重視其功能性。不可否認的，海水魚的確已經逐漸滲透到一般人的生活當中。

更正確地說，海水魚已經擺脫了以往類似「插花」的點綴性質，在人類生活中扮演著日益重要的地位，隨著淨化裝置的提升，常年飼養海水魚已非難事。

因此，現在正是從「曾經飼養」到「即將飼養」的時代。

早年在設備尚未齊全的時期，一個擺有水族箱的房間，看起來就如同科學實驗室一般。

最近有愈來愈多將水族箱當作室內裝潢的一部分，類似的佈置也可在餐廳、美容院、辦公室等處看到。
而在電視劇中，也經常用養著海水魚的水族箱作為背景。

海水

剛開始飼養海水魚時，第一個碰到的問題是：「海水應該怎麼處理呢？」

或許，你無法直接取得最適合飼養海水魚的天然海水。但如果你決定自力救濟，用家裡炒菜用的食鹽溶解後來飼養海水魚，則結果一定是失敗的。

天然海水除了食鹽以外，還含有其它各種成分。其中的某些成分，是魚成長所必需的；唯有這些成分相互作用，才能提供魚類成長的環境。

飼養海水魚時，可以利用人工海水。方法是將一種類似粉末的東西放入水中溶解，如此即可創造出幾近於自然海水的水質。有關製造方法將留待後章再詳加敍述，在此僅就鹽分的濃度加以說明。

飼養海水魚的鹽分濃度，是決定魚的狀況好壞之重要因素。因此，在製造人工海水時，必須準確掌握鹽分的濃度。

所謂的鹽分，不單只是指海水中的食鹽含量而已，同時還包括所有溶解於海水裡的物質。沒有專門的研究設備，一般人根本無法直接測定鹽分。我們能做的，只是以鹽分為指標測量其比重。

●比　重

所謂比重，是指「在一氣壓、四℃下，某種物質的重量與同體積的純水重量的比」。下面就為各位詳細說明人工海水的比重。

首先來比較一下人工海水與同量純水的重量。人工海水由於含有食鹽等各種物質，故比真水來得重些。與真水之間的重量比較，即稱為比重。

假設真水為一〇〇•〇g、人工海水為一〇二•四g，那麼在比重方面，如果說純水為一，則人工海水的比重即為一•〇二四。由此可知，人工海水中所含的物質愈多，亦即鹽分濃度愈高，則比重愈大，反之則比重降低。

在二十五℃之下，天然海水的比重在一•〇二〇～一•〇三〇之間；受到各種因素的影響，各個海域的海水比重都不相同。與太平洋相比，紅海等內陸海域的比重較高。另外，接近陸地的海水，因為有河川等淡水滙流，故比重也較低。其平均值在一•〇二三～一•〇二五之間。一般來說，人工海水的比重若能維持在一•〇二四前後，那是最好不過的了。問題是，在水族箱內飼養海水魚時，比重偏低魚群較不容易生病，魚本身的狀況也比較好，因此人工海水的比重，最好調到一•〇一九左右。

欲測量比重時，最簡單的方法就是使用「比重計」或「測量計」。這些都是在飼養海水魚之前，必須先準備好的物品。

●pH值

「pH」是有關海水水質的另一個指標，也就是所謂的酸鹼值。

pH值主要用來表示水中的氧氣濃度。簡言之，它是用來顯示水為酸性或鹼性的數值。pH七表示為中性，數值小於七者為酸性，反之則為鹼性。位於兩端的數字，分別為〇和十四。

下面就來測量一下某些日常生活中常見東西的pH值。例如，醋的pH值為三，屬於強酸性；日本酒的pH值為四，同樣屬於酸性；即溶咖啡的pH值在五・〇～六・五之間，屬於弱酸性。人體所分泌的汗水pH值為七・〇～八・〇，屬於中性偏弱鹼性。自來水的pH值大致為中性，至於大樓蓄水槽裡的水，pH值則因各別的狀況而有所不同。不過，根據自來水法所製定的標準，自來水的pH值應該在五・八～八・六之間。

天然海水的pH值在七・八～八・四之間，屬於弱鹼性。那麼，pH值對於飼養海水魚具有何種意義呢？

先前說過，海水當中含有許多物質。這些物質當中有的是酸性、有的則是鹼性或中性。其混合起來相互作用的結果，使海水的pH值最終保持在七・八～八・四之間。基本上，只要海水中的各種成分能保持現有的均衡狀態，pH值不太可能產生變化。反之，當均衡狀態因某種原因而告崩潰時，pH值也會有所改變。所以，pH值可以作為水質變化的指標。

各種物質的pH值

醋	→pH3（強酸性）
日本酒	→pH4（酸性）
即溶咖啡	→pH5.0～6.5（弱酸性）
汗	→pH7.0～8.0（中性偏弱鹼性）

導致水質惡化，pH值下降的原因，除了魚吃剩的殘餌及排泄物之外，每隻呼吸所產生的二氧化碳增加也是原因之一。

剛溶解的人工海水，pH值與天然海水非常接近。其後由於水族箱內的水質惡化，pH值乃慢慢下降。具體地說，殘餌（魚吃剩的餌食）、魚的排泄物、有機物的分解及魚呼吸所產生的二氧化碳等，都是導致pH值下降的原因。

為了使人工海水的pH值保持一定，本書特地為各位介紹各種日常必須注意的管理細節。對於pH值，我們必須瞭解的是，適合海水魚生長的環境，是弱鹼性環境。

●水溫

棲息於珊瑚礁海域的海水魚，一年四季都在溫暖的氣候下生活，因此水族箱內的水溫調節非常重要。各個海域的水溫多少有點差異，其中珊瑚礁海域的水溫平均為二十五℃。飼養海水魚時，水族箱內的水溫最好調節在二十四～二十七℃之間。

日本的許多地區，一到冬天水溫就會降得很低。和在表面結冰的水池中仍可生存的金魚不同，原本棲息於珊瑚礁的海水魚，無法在低水溫的情況下生存。因此，在寒冷時必須加溫。目前在市面上可以買到加溫的器具，稱之為恆溫器（將在後面章節中詳加介紹）。

熱度也必須注意。棲息於熱帶珊瑚礁海域的海水魚，最高水溫在三十℃左右。夏天在密閉的房間中，水族箱內的水溫經常會超過三十℃。而在海水魚當中，很多一旦水溫超過三十℃就會死亡。為了防患未然，夏天必須特別注意水溫，一旦超過三十℃，就必須趕緊採取應對措施（請參照第Ⅲ章「強化照明的缺點及對策」）。例如，考慮到夏天的暑熱，在選擇水族箱擺放的位置時，應避免日光直射的地方。

●空氣幫浦

棲息於水中的魚類，主要是用鰓來呼吸水裡的氧氣。而在水族箱內養魚時，首先必須供給足夠的氧氣，這時空氣幫浦就派上用場了。

空氣幫浦除了供給魚類氧氣之外，還具有降溫的作用，尤其在夏天水溫上升時更是效果卓著。對魚群來說，有益的細菌（請參照第Ⅲ章「肉眼看不到的種種細菌」）與氧氣，都是非常重要的。

水槽

●大小、材質

飼養海水魚的水族箱材質不拘，但金屬材質所產生的銹對海水魚有害，故應避免選用。

一般市面上所販賣的已經完成的水族箱，規格大致一定。水族箱的大小，較常見的是長、寬、高各為四五×三〇×三〇、六〇×三〇×三六、七五×五四×四五、九〇×四五×四五，簡稱為四五㎝水族箱、六〇㎝水族箱、七五㎝水族箱及九〇㎝水族箱。

水族箱的材質，大致可分為玻璃製與壓克力製。玻璃製的水族箱透明度佳，不易刮傷，缺點則是和壓克力製相比非常重，而且稍有裂痕就很容易整個破掉。

至於壓克力製的水族箱，透明度雖然比不上玻璃製的，旦卻具備輕巧、堅固、耐用、便宜等優點。另外，如果使用的是稍後將會詳細介紹的箱外式過濾系統，水族箱必須另外加工，這時壓克力製會比較方便些。

以壓克力水族箱來說，相同的尺寸，所用壓克力板的厚薄也會造成差異。當使用的壓克力板太薄時，水注入後水壓會使板子彎曲變形。從耐久性的觀點來考量，購買壓克力製水族箱時，最好選擇板子較厚的。

玻璃或壓克力製水族箱各有其優、缺點，但就飼養海水魚而言，選擇哪一種材質並非問題所在。水放箱最重要的是它的大小，因為這與容量有關。考慮到原有的自然生活環境，飼養海水魚的水族箱愈大愈好，如此不但魚有足夠的活動空間，水量較多也較不容易造成污染，能夠維持一定的水質。此外，水族箱愈大，養魚的數量自然可以增加。

四五㎝水族箱的容量，為四五×三〇×三〇≒四〇ℓ。而飼養時的真正水量，約為水族箱容量的八成，因此四五㎝水族箱的實際水量為三二ℓ。依同樣的方法來計算，則六〇㎝的水族箱約為五〇ℓ、七五㎝

的水族箱約為一二〇ℓ、九〇cm的水放箱約為一五〇ℓ。另外，同樣是六〇cm長的水槽，如果寬度、高度改為四〇cm，則水量可以達到八〇ℓ。對於生手，我建議他們從六〇cm的水族箱開始，因為，這個尺寸的水族箱大小比較大眾化、價格比較便宜，各種裝備也相當齊全。

最普遍的水族箱大小為60cm，故其價格最為便宜，各種設備也最為齊全。對於生手，我建議從這個大小的水族箱開始飼養。

再者，如果將來要換比較大的水族箱，可以將舊的六〇cm這一個當作疾病治療專用的水族箱（稱為「處理槽」），不致形成浪費。六〇cm的水族箱，當然不能飼養大型魚類，但如果用來飼養中、小型魚類如雀鯛等，可說綽綽有餘。

事實上，很多海水魚玩家都是從六〇cm的水族箱開始飼養的。單是用這個大小的水族箱來飼養海水，魚，就很能充分體會到個中滋味了。

●照 明

光線對魚原就非常重要，而在以觀賞為目的的前提下，照明設備更是不可或缺。一個昏暗的水族箱，當然無法使珊瑚礁海域的美景再現。

不論是植物、動物或微生物，體內都是以二十四小時為一周期，亦即所謂的生理時鐘。

生理時鐘會隨著光線、溫度等周圍的環境而變化。以魚來說，為了保持固定的生理時鐘，照明時間必須有一定的規律。換言之，水族箱必須以人工方式製造白天與黑夜。

注意到這些細節，使水族箱儘量接近於自然環境，是飼養的基本條件。

海水魚的照明度，必須為淡水魚的二～三倍。
照明不足時，海水魚美麗的體色會逐漸褪色。

●光線對魚類體色的影響

光線的強度，會對魚的體色造成影響。依種類不同，有些魚在照明不足的情況下會褪色。為了防止魚體褪色，必須給予充分的照明。

照明器具一般都是使用螢光燈。螢光燈可分為置於水族箱上部及水族箱內二種。前者依水族箱的大小而有各種尺寸；後者在夏天則必須特別注意水溫問題，因為水中螢光燈會促進水溫上升。

當然，也可用一般家庭用的照明器具。如果水族箱本身也是室內裝潢的一部分，在照明方面更要多花點心思，而這也是養殖海水魚所附帶的樂趣之一。

關於水族箱的大小及必要的亮度，將在下章作一具體說明。大體而言，海水魚所需的照明程度，約為淡水魚的二～三倍。

肉眼看得到與肉眼看不到的過濾

「保持適合飼養的水質」，是飼養海水魚的基本條件。天然海水在經過我們所無法想像的漫長歲月後，逐漸形成了自然淨化作用。而在水族箱內，我們必須以人工方式代替自然，給魚類一個適合生長的環境。

對此，人工淨化裝置，也就是過濾裝置，具有不可或缺的地位。

●肉眼看得到的「物理過濾」

所謂過濾，就是透過濾材（過濾所使用的材料）使污濁的水變得乾淨。那麼，何謂污濁的水呢？公園小水塘裡積存的雨水，算是污濁嗎？水族箱內如果沒有過濾系統，魚的排泄物及吃剩的飼料，就會慢慢使水變得渾濁不堪。而將渾濁的水變成透明，乃是過濾的主要作用之一。

像這種肉眼看得到的過濾方法，稱為「物理過濾」。問題是，透明的水就一定乾淨嗎？或許裡面含有許多肉眼看不到的有害物質也說不定。

除了水看起來必須透明以外，其中還不能含有任何對魚有害的物質，這才是飼養海水魚時所謂的「乾淨的水」。

●肉眼看不到的「生物過濾」

飼養海水魚時，如何去除肉眼看不到的有害物質，是非常重要的關鍵。

那麼，什麼是對海水魚有害的物質呢?那就是，經由海水魚的排泄物、殘餌或死魚腐敗後產生的物質。其中最可怕的是阿摩尼亞（NH_3）。阿摩尼亞的毒性極強，當每一ℓ中含量達〇・〇一mg時，就會對魚造成傷害。

阿摩尼亞在pH值較低的水中，會轉換為無毒的氨離子（NH_4^+），而適合海水魚生存的水質，屬於pH值較高的弱鹹性，因此阿摩尼亞無法進行轉換。與海水魚相比，適合在中性水質或弱酸性條件下飼養的淡水魚，由於阿摩尼亞可轉換為氨離子，故由阿摩尼亞造成的危險性較小。這也正是為什麼大家會認為海水魚比淡水魚難養的原因之一。

有毒的阿摩尼亞不能排除，飼養海水魚就無法成功。為了去除阿摩尼亞，必須藉助肉眼所看不到的微生物，亦即所謂的硝化菌的力量。硝化菌會將存在水中的阿摩尼亞氧化，然後變為亞硝酸鹽。亞硝酸鹽的毒性比阿摩尼亞低，但對魚來說仍是一種有害物質，這時必須用另一種也稱為硝化菌的有益細菌，將亞硝酸鹽再氧化，轉為完全無毒的硝酸鹽。像這樣利用硝化菌產生一連串的生物作用，即可將有毒的阿摩尼亞轉換為無毒的硝酸鹽。

藉助微生物的力量排除水中對魚有害的阿摩尼亞的方法，稱為肉眼看不到的生物過濾。在海水魚的飼養上，如何讓生物過濾有效地進行，是非常重要的課題。

硝化菌可在水族箱內繁殖，只是其所繁殖的量，無法完全處理掉在水中產生的阿摩尼亞，故必須藉助過濾裝置使硝化菌充分繁殖才行。

與淡水魚相比，海水魚對水質變化的應變性較低，此外，在弱鹼性的海水中，阿摩尼亞轉換為氨離子的比例較低。基於以上理由，生物過濾飼養海水魚而言十分重要，而且飼養裝置必須比淡水魚大，過濾裝置也有所不同。

●硝化菌所需要的氧

另外一個重要事項就是氧分。

微生物大致可分三種，其一是必須要有氧氣才能繁殖的偏性好氣性菌，其二是不一定要有氧氣的通性嫌氣性菌，第三是有氧氣就無法繁殖的偏性嫌氣性菌。飼養海水魚所需要的硝化菌，是屬於要有氧氣才能繁殖的好氣性菌。為了讓硝化菌得以充分繁殖，首先必須給予足夠的氧氣。

由於硝化菌所需要的氧氣，是透過濾材而到達海水中，因此空氣幫浦便變得十分重要。此外，濾材中必須經常保持一定的水流。一旦魚的排泄物或殘餌堵住了濾材，硝化菌所需要的氧氣，便無法透過水流帶過來。結果，硝化菌無法繁殖，而不需要氧氣的嫌氣性菌反倒大量增殖。嫌氣性菌會將原本對魚無毒的硝酸鹽，還原為有毒的亞硝酸鹽。

為了避免這種情形，在進行生物過濾之前，必須先將堵在濾材上的「垃圾」清除乾淨。這就是先前介紹過的物理過濾。物理過濾不單只是表面上的過濾，而且與生物過濾攜手合作，構成飼養海水魚最重要的過濾系統。透過這樣的一個過濾系統，將在水族箱內產生的有害的阿摩尼亞變為無害的硝酸鹽，即可維持「適合飼養的水質」。

硝酸鹽雖然無毒，但如果在海水中大量積存，一樣會對魚造成影響。因此，每隔一段時間就必須將積存的硝酸鹽取出。

有關內容請參照換水部分（第V章）。

過濾系統

具有維持對海水魚飼養而言，最為重要的「適當水質」作用的過濾系統，一如左圖所示，是一種循環構造。為了使過濾系統不斷循環，必須使用打水幫浦。

過濾系統大致可分為內部式過濾與外部式過濾二種。所謂的內部式過濾，就是在水族箱內組裝過濾系統，其中以在水族箱內鋪設底材的底部過濾器。

至於外部式過濾，則是在飼養的水族箱外，另外裝一個專用的過濾水槽。裝置方式有很多種，一般是將過濾水槽裝在水族箱上部，稱為上架式過濾系統。這是飼養淡水魚最常用的方式，但如果養的是海水魚，為了使硝化菌大量繁殖，必須使用比飼養淡水魚更大型的過濾器。

在外部式過濾當中，有所謂的溢流系統。其方法是將水族箱分為二段，上方為飼養用水族箱，下方則裝有過濾器，水族箱內的水由上往下流入過濾槽內，然後經由打水幫浦將過濾槽內過濾過的水抽回水族箱內。

在外部密閉式過濾系統當中，則以強力過濾器為代表。不管你所採用的是哪一種過濾方式，目的不外是希望能有效地進行過濾。

前面說過，飼養海水魚最重要的生物過濾，必須藉助微生物的力量來進行。至於如何讓進行過濾的硝化菌大量繁殖，則是設計上的基本問題。比較價格、過濾效率、維護難易等的差別，你會發現，每一種過濾系統都有其優、缺點。

有關各個過濾系統的優缺點，我們將在第Ⅲ章加以說明。

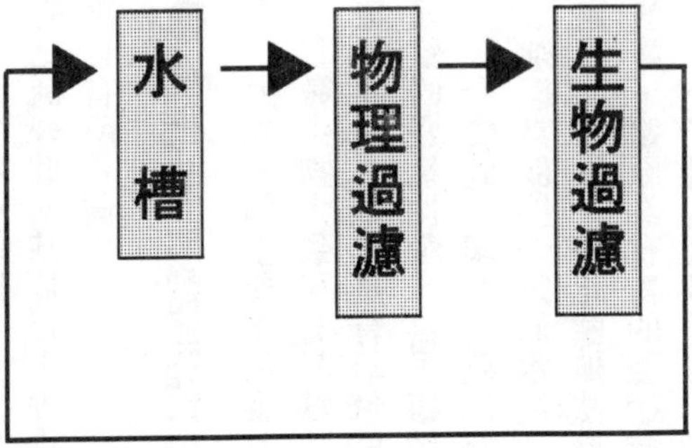

●水族箱與硝化菌的關係

接下來要談的，是新裝水族箱與硝化菌的關係。新裝好的水族箱內，沒有硝化菌。硝化菌是在將阿摩尼亞與亞硝酸鹽轉換為硝酸鹽的過程中，得到生存所必需的能量。所以，硝化菌的產生，首先必須要有製造阿摩尼亞、亞硝酸鹽的魚才行。

水族箱組裝完畢後，最好先放入少量的魚，待產生足夠的硝化菌以後，再放入其它魚類。

硝化菌的繁殖情形，可以藉由水中的阿摩尼亞、亞硝酸鹽的量來測定。由於新裝好的水族箱內沒有硝化菌存在，因此阿摩尼亞、亞硝酸鹽的量增加的情形非常明顯。

當硝化菌開始順利繁殖後，大約二～三週內阿摩尼亞及亞硝酸鹽的量會到達高峰，之後便慢慢減少，平均在一～二個月內，水族箱內的水就會成為「適合飼養海水魚的水質」。

這時，不光是自然淨化裝置，連人工淨化裝置也開始發揮作用。

檢驗飼養水中的阿摩尼亞、亞硝酸鹽、硝酸鹽，對於掌握硝化菌的繁殖狀況，亦即過濾系統的狀況，是非常重要的一環。

水族箱必須等可以飼養海水魚時，
才算「組裝完畢」

●何謂「裝好的水族箱」？

何謂裝好的水族箱呢？其標準是，濾過槽內必須已經有足夠的硝化菌繁殖成功，也就是裝設完成的過濾系統已經充分發揮作用，形成可以飼養海水魚的狀態，這才是所謂「裝好的水族箱」。

一般而言，裝設水族箱必須花上一～二個月的時間，在這期間，過濾系統並不完全，養在其中的魚很容易死掉，因此這時養的魚價格最好不要太高，數目也不要太多，可以從較便宜的魚，如雀鯛等開始養起。

在此要再次強調，飼養海水魚最重要的條件，就是過濾系統。如果不能維持適合飼養的水質，海水魚便無法順利成長。

飼養海水魚的要訣，就是在「餵魚」以前，先餵牠「乾淨的水」。

水族箱剛裝好時，一切狀況都還不穩定，有時可能導致魚隻死亡。
這時可以購買比較便宜的魚，如雀鯛等當作「測試魚」。

III 基本配備的介紹

A 水族箱與過濾系統

在陸地上飼養海水魚時，首先必須提供一個與海水魚所棲息的「海洋」類似的環境。

至於如何在家中營造「類似海洋」的環境，那就得靠「水族箱系統」了。所謂的水族箱系統，是由一些基本配備所構成。

如果你非常瞭解過濾的構造，不妨自己動手組一個水族箱。

基本上，只要將已經完成的各種配備組合起來，就可以變化出各式各樣的水族箱系統。目前，除了家庭開始飼養海水魚之外，許多餐廳和企業也將水族箱作為室內裝潢的一部分。

接下來要為各位介紹的，是構成水族箱系統的各種基本配備。

水族箱

飼養海水魚的透明容器，就稱為水族箱。

基本上，水族箱愈大愈好，因為，水族箱愈大，就可以養愈多的魚。

●「寬度」的重要性

正如第Ⅱ章所說的，水族箱的大小，習慣上是根據其長度來計算。不過，就飼養海水魚而言，除了長度之外，水族箱的「寬度」也很重要。水族箱一般都是從正面來觀賞，故以「長度」作為計算基準。

要在空間有限的水族箱內，飼養在大海裡自由慣了的海水魚，除了作為觀賞焦點的長度要增加之外，還必須要有一定的寬度，魚兒們才能在水中自由自在地游來游去。

以具有獨特鮮艷色彩的棘蝶魚為例，體型愈大者，愈容易對水族箱產生壓迫感。因此，如果打算長時間飼養大型的棘蝶魚，在選擇水族箱時必須考慮到它的寬度。

●箱板的厚度是重點所在

在長度不變的情況下，寬度變大時，容量自然也會增加，這時必須特別留意箱板的厚度。價格便宜的水族箱箱板多半較薄，無法長時間使用。

大致說來，水族箱的箱板愈厚，質感愈佳，也比較耐用。以長六〇公分的壓克力水族箱為例，一般尺寸為六〇×三〇×三六×〇・四公分（長×寬×高×厚）。不過，這種尺寸的水族箱，所能飼養的海水魚種類將會有所限制。

如果水族箱是六〇×四〇×四〇×〇・六公分，不僅較具質感，且由於厚度增加，耐久性也相對提高。另一個重要的關鍵是壓克力的材質。便宜的水族箱，通常都是使用較為粗劣的材質，不僅透明度差，有時還會出現偏黃的傾向，必須注意。

使用劣質壓克力製成的水族箱，一則容易刮傷，再則不具有耐久性。

過濾系統的重要性

如果飼養的海水魚數量很少，當然可以使用淡水魚用的一般過濾系統。撇開現實問題不談，如果你願意每天幫水族箱換水，那麼即使沒有淨化裝置（過濾系統），一樣可以飼養海水魚。自為海水魚玩家，多半希望飼養大型、各種不同種類的海水魚。因此，很多人會在空間有限的水族箱內，塞入各種海水魚。為了實現在有限空間內多養幾種海水魚的願望，首先必須擁有過濾能力優異的淨化裝置。在水族箱內空間有限的情況下，海水魚的密集度與過濾系統的關係非常密切。

第Ⅱ章說過，淨化裝置（過濾裝置）在海水魚的飼養當中，扮演著非常重要的角色。因為，過濾系統的主要功能，就是維持「適合飼養的水質」。

在瞭解過濾系統之前，首先要就成為良質水族箱系統的三大條件加以說明。

成為良質水族箱系統（包含過濾系統）的條件

1、有效、精緻的淨化裝置（過濾系統）

大體而言，淨化裝置愈大，過濾能力愈好。不過，考慮到裝潢及空間等問題，一般家庭所使用的淨化裝置通常不會太大。當然，如果過濾能力因而大打折扣，也就談不上實用效果了。

是以如何選擇有效的過濾方式，乃是重點所在。一味地注重裝潢效果及大小問題，因而採用過濾能力不足的水族箱系統時，魚類往往很難健康地成長。事實上，這也正是人們認為「海水魚很難養」的原因。

2、維護工作必須長久持續，故愈簡單愈好

要想長時間享受飼養海水魚之樂，維護工作愈簡單愈好。如果為了貪便宜而購買維護起來費時費力的水族箱系統，不僅養魚的樂趣大打折扣，也很難長久持續下去。

由此可知，維護的難易，是能否長期飼養及享受其中樂趣的關鍵。

3、必須包括對海水魚的健康管理而言不可或缺的周邊工具（冷卻器、蛋白質分離器、臭氧發生器等）

在市面上可以買到各種飼養海水魚專用的器具。不過，這些周邊器具使用方法各有不同，有時未必能充分發揮功能，為免造成浪費，生手最好不要一次買齊，而應分成幾個階段慢慢添購。

過濾系統的種類

過濾系統一般可分以下五種，各自均有其優缺點。

- 上架式過濾系統
- 溢流系統（下置型）

・底部式過濾系統
・底部式、上部式併用系統
・密閉式過濾系統

依照過濾方式不同，各個過濾系統所使用的器具也有所不同。以下就針對過濾系統的各個器具稍加介紹。

●過濾槽

所謂過濾槽，就是進行生物、物理過濾的容器（水槽）。為了提昇過濾效果，有些水槽又細分為生物過濾用與物理過濾用二種。

在「維持適合飼養的水質」上，生物過濾用水槽所扮演的角色尤其重要。過濾槽（也可以說是一種過濾手段）主要可分為「濕式」、「乾式」及「乾、濕式併用」三種。所謂濕式過濾槽，是指濾材經常泡在水中（海水）的狀態。底部式及密閉式過濾系統，通常是使用濕式過濾槽。

上部式及溢流式也幾乎都是屬於濕式過濾槽，但在構造上有時也和乾式併用。所謂的乾式過濾槽，通常是海水通過濾材，而非長時間泡在水中的狀態。這時主要是利用蓮蓬水管讓海水慢慢通過濾槽，從而帶來足夠的氧氣。

對好氣性菌的繁殖而言，這種過濾方式較具效果。至於「乾、濕式併用」的方法，是以溢流系統為主。考慮到濾材的有效利用問題，筆者不建議各位只採用乾式過濾槽。可能的話，最好乾式、濕式併用，如此更能提昇過濾能力。

●過濾系統的選擇

在你選購過濾系統時，不同的店家往往會有不同的說法，因此剛開始飼養海水魚的人，不免暗自嘀咕：「到底哪一種過濾方式對飼養較為有利呢？」

第Ⅱ章曾經提到，日本人所謂的熱帶魚，是指「熱帶性淡水魚」，和「海水魚」並不相同。最近，飼養「海水魚」逐漸蔚為風潮。許多原本只賣熱帶魚的水族館，也紛紛賣起海水魚來了。久而久之，海水魚對我們來說已經不再那麽陌生或遙不可及。只可惜，大多數的人都不知道，飼養海水魚的技術和器具，與淡水魚並不相同。

在抱怨「海水魚很難養」的人當中，大部分是將淡水魚用的水族箱系統稍加改變後，用來飼養海水魚。這也正是他們飼養海水魚屢遭挫折的原因之一。為此，筆者特地從前述五種過濾系統中，選出較適合生手使用的「上架式過濾系統」及「溢流過濾系統」深入介紹。

B 上架式過濾系統

與底部式過濾系統（稍後將會介紹）相比，上架式過濾系統的過濾能力較差。

不過，底部式過濾系統通常無法將過濾能力發揮到極限，因此其過濾能力和上架式其實並沒有太大的差別。

上架式過濾系統的主要優點，就是它比較適合生手採用。

上架式過濾槽主要安裝在水族箱上部後方，前方則安裝照明設備

上部式過濾系統全貌

安裝在水族箱上部的過濾槽

過濾槽的安置場所

上架式過濾系統，是將過濾槽安裝在水族箱上部。過濾槽的大小，原與水族箱的面積相等，但為了方便餵食及放置照明設備，因此大小約為水族箱的一半。

一般是將過濾槽放在水族箱上部的後面，前面則安裝照明設備。

過濾系統的構造

●打水幫浦

打水幫浦具有將水族箱內的海水打進過濾槽內的作用。

如下圖箭頭所示，海水藉由打水幫浦流向濾頭，再由蓮蓬水管打進過濾槽內。之後，過濾槽內過濾過的海水，會經由排水口回到水族箱內。

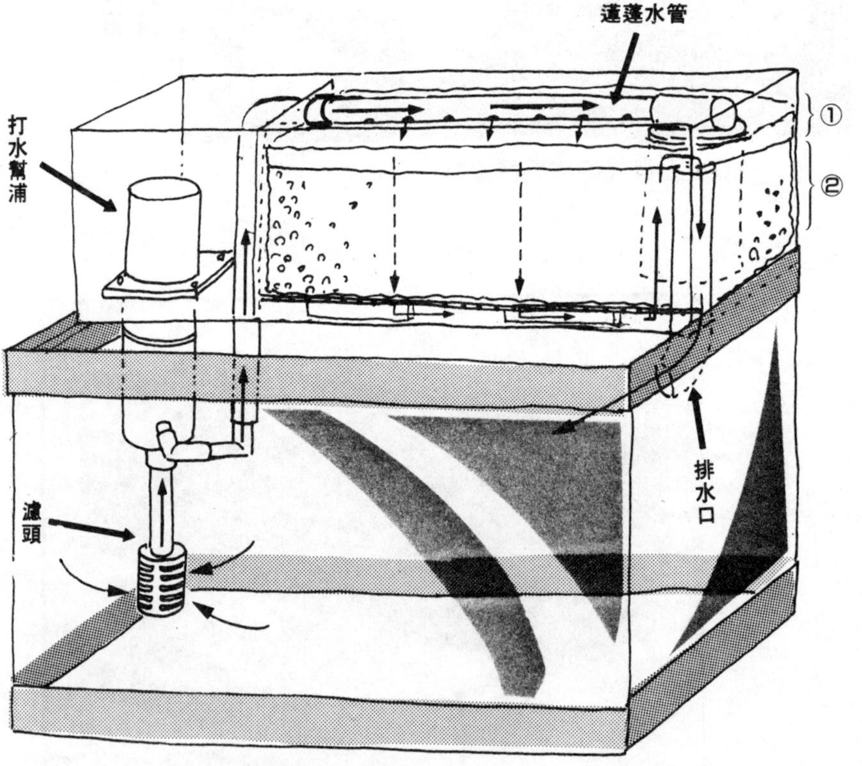

上部式過濾系統的各個部分
①物理過濾（過濾棉）　②生物過濾（珊瑚砂）

●蓮蓬水管

蓮蓬水管的作用，在於使從水族箱內打上來的海水平均進入過濾槽內，藉以提高其過濾能力。另外，藉由蓮蓬水管可供給足夠氧分，有助於好氣性菌的繁殖。

●物理過濾

從蓮蓬水管流出的海水，首先要進行物理過濾。一般的物理過濾，是使用過濾網（用細纖維製成的綿狀過濾網）。

●生物過濾

生物過濾可說是海水魚飼養的生命線。在打水幫浦運轉的同時，鋪上與過濾槽內水位相等的珊瑚砂過濾材。有關珊瑚礁的大小，最好選擇直徑約五～八㎜的小顆粒。

使用上部式過濾系統時的注意事項

◎上部式過濾系統通常是與水族箱成套銷售，不過水族箱多半是淡水魚用的，只是打水幫浦換成海水魚專用的而已。然而，由於過濾槽原本是供飼養淡水魚使用，過濾能力不足，因此並不適合用來飼養海水魚。選購過濾系統時，應該考慮到適用性的問題，而不要只著重於價格是否低廉。

◎使用改造為海水魚用或海水魚專用的大型上架式過濾槽時，由於構造上的因素（過濾槽放在水族箱上部，體積較為狹窄，故過濾面積不夠大），無法同時飼養很多海水魚。

一旦給餌過多或魚隻數目過高，便很難維持適合飼養的水質。大多數既成品的大小為六〇×三〇×三六公分，使用這種水族箱時，大概只能養三～五公分的海水魚五～十隻左右（請參照「海水魚的組合比例」）。

◎與底部式過濾系統相比，維護比較簡單。

・在上架式過濾槽內，如果珊瑚砂濾材是另外裝在盒子裡面，則切換打水幫浦時，可將盒子取出上下搖晃，藉此去除殘渣（請參照第Ⅴ章「定期保養」）。

・如果濾材並未特別用盒子裝起來，可將珊瑚礁濾材裝布網袋中置於過濾槽內，清掃時只需要將網袋取出即可，非常方便。

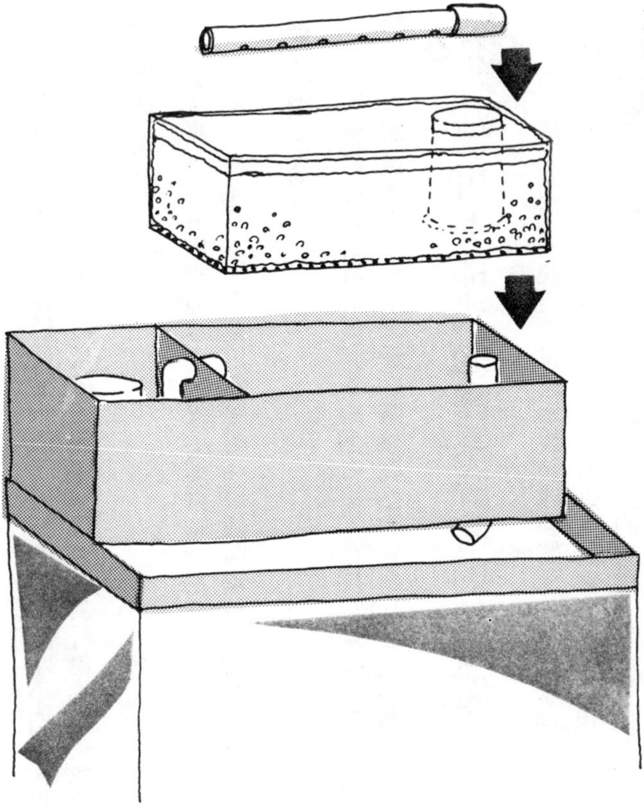

上架式濾材盒子的取出方法

適合溢流式過濾系統的濾材
（直徑3～5cm）

適合上部式過濾系統的濾材
（直徑5～8㎜）

◎物理過濾所用的濾網一旦髒了，就要立即更換。

◎在吸水口的濾頭附近打水時，需特別注意打水幫浦是否正常運作。

C 溢流式過濾系統

包括海水魚店在內，很多人都開始使用溢流式過濾方式。特別是超過九〇公分的水族箱，絕大部分都是使用溢流式過濾系統。

溢流式過濾系統完全符合良質水族箱系統的三大條件，是最適合飼養海水魚的系統。

不論是剛開始飼養海水魚的生手或個中老手，都適合使用這種系統，因為它的可信賴度高，又不費事。

過濾系統的設置場所

上架式過濾系統置於水族箱上方，而溢流式過濾系統則置於水族箱下方，亦即水槽台的上面。

在水槽台上面，可以放置水族箱和全部過濾裝備，形成一個非常完整的系統。

水族箱上部除了設備以外，不需要裝任何東西，以免對清除水族箱內的青苔或餵食造成不便。另外，若能在設置水槽台上多花點心思，也可作為室內裝潢的一部分。

構造

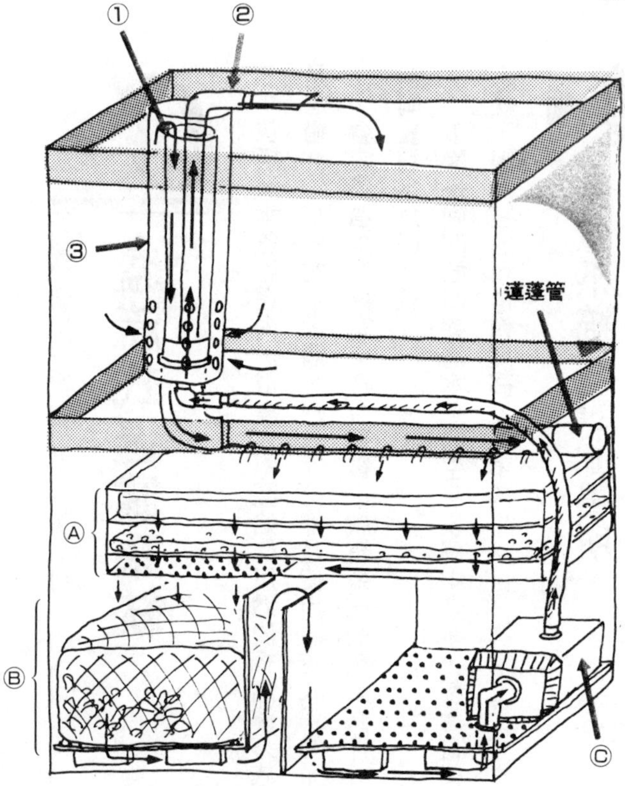

溢流式過濾系統的各個部分
Ⓐ乾式　Ⓑ濕式　Ⓒ在水中使用的打水幫浦
箭頭所指的是水流方向

溢流式過濾系統

溢流式過濾系統是利用打水幫浦將海水汲入水族箱內，當水位超過溢流的管線（如箭頭①所示）時，海水就會流入過濾槽內。接著，在溢流管線的內側，利用打水幫浦將汲上來的海水排入水族箱內（如箭頭②所示）。整個構造相當簡單，但是卻經過精心設計而成。

海水魚的排泄物、殘餌等垃圾會在底部沈澱，而箭頭①的管線，則只負責處理水面部分的海水。因此，附在①外側的箭頭③的管線，便負責由下方的孔穴吸取垃圾。

打水幫浦

上部式過濾系統，是利用打水幫浦將水族箱內的海水汲入過濾槽內，溢流式過濾系統則是將過濾槽內的海水汲進水族箱內。

過濾槽

溢流式過濾系統的過濾槽，雖然種類繁多，但多半是屬於底部式的構造。最大的不同在於，溢流式過濾系統與物理過濾併用，因此濾材較不容易蓄積污垢。再者，由於海水魚的水族箱與過濾槽各自獨立，因此維修起來相當簡單，失敗的風險也較低。

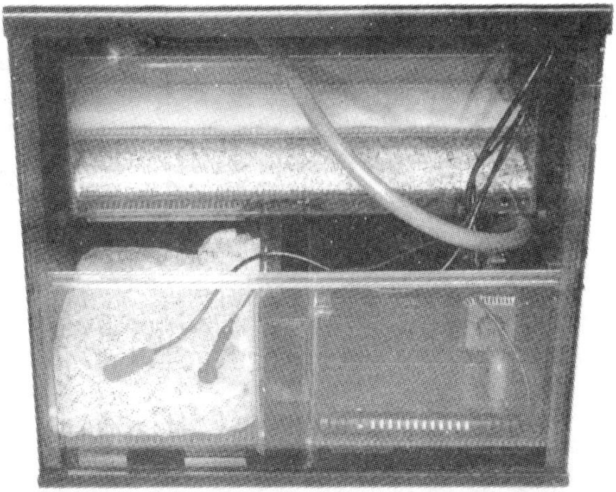
使用乾、濕式過濾系統的六〇公分水族箱

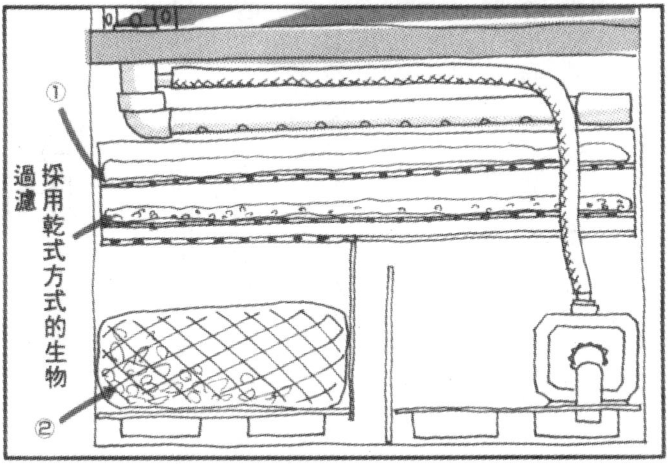

上圖箭頭①指的是進行物理過濾的過濾槽及以乾式進行生物過濾的過濾槽的雙層構造。利用過濾網進行物理過濾及以乾式方式進行生物過濾後的海水，會經由過濾槽流入②當中。

②是以濕式方式進行生物過濾的過濾槽，所用的濾材為珊瑚砂。如果能事先將珊瑚砂裝在網袋當中，則清理起來更為方便。

溢流系統將過濾槽分為二部分，過濾效率大為提升，再加上有助於硝化菌大量繁殖，故可說是相當完善的過濾系統。

D 其它過濾系統簡介

除了溢流式及上架式過濾系統以外，利用其它過濾方式同樣可以飼養海水魚。

●為何不建議採用溢流式及上架式過濾系統以外的方式？

對於剛開始嘗試飼養海水魚的人，為什麼我不建議他們採用另外三種過濾方式呢？為了幫助各位瞭解其理由，以下僅就底部式、底部式及上部式併用和密閉式過濾系統簡單地介紹。

底部式過濾系統

底部式過濾系統的構造非常簡單，基本上乃是根據過濾的原理製造而成。主要是在水族箱底部安裝過濾網，其上插有許多向上延伸的管線，並且鋪上珊瑚砂濾材。之後藉由打水幫浦的力量，使水族箱內的海水如圖中箭頭所示般不斷循環。底部式過濾系統的特徵，其實也就是它的缺點，就是過濾槽（進行過濾的水槽）與海水魚同在一個水槽內。

〈優點〉

- **過濾系統構造簡單。**
- **過濾面積大、過濾能力高。**

〈缺點〉

- **一旦疏於維護，過濾能力即告減退。**

底部式過濾系統未與物理過濾併用，故作為濾材的珊瑚砂很容易堆積渣滓，一旦疏於清理，渣滓就會堵住濾材，使海水循環能力減退，嫌氣性菌因而得以繁殖。當然，這也是導致過濾能力降低的原因之一。

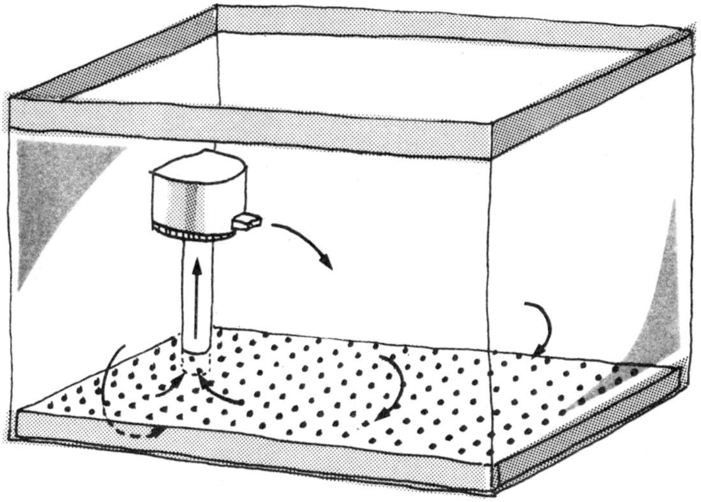

底部式過濾系統的全貌

・維護工作無法長久持續時，會造成風險

為防濾材堵塞，在換水的同時，很多人會用「虹吸管」（請參照第V章「換水」部分）去除渣滓。這時，原本在水族箱內的髒東西會漂上來，成為魚染患白點病的主要原因之一。由於並未與物理過濾併用，濾材的維護頻度必須提高，但海水魚與過濾槽是在同一水槽內，因此維護的同時往往也伴隨著危險性。在這種情況下，海水魚通常無法長時間飼養。

很多人就是因為維護工作費時費力而半途棄養。此外，在進行清理時，很多人常常因為不小心而令魚群發病，造成海水魚的死亡。根據統計，在飼養海水魚的人當中，養到一半決定不養了的人，大多是使用底部式過濾系統。

・無法保持均衡的過濾能力

從構造上可以發現，底部式過濾系統在靠近打水幫浦附近，海水的循環效率較高，離幫浦愈遠則循環效率愈低。為了防止循環效率不一的情形，可在幫浦附近鋪上較厚的濾材。

底部式、上部式併用過濾系統

這是上部式過濾系統與底部式過濾系統合併採用的過濾方式。

這個與上部式併用的過濾方式，主要是為了彌補底部式過濾系統無法併用物理過濾的缺點。

基本上，兩種過濾系統併用的過濾方式，效率遠比單一的底部式或上架式過濾系統來得好，可飼養為數較多的海水魚。

〈優點〉

・多少可以彌補底部式過濾系統的不足

・過濾能力很高

〈缺點〉

・因為同時使用底部式與上部式過濾

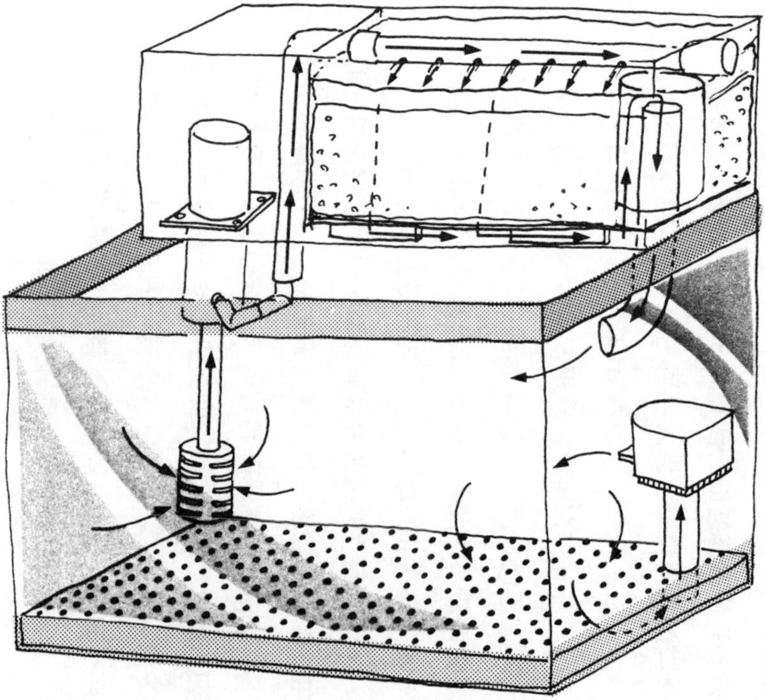

上部式與底部式組成的過濾系統

系統，故成本為一過濾系統的二倍。

雖然與上部式併用，但是底部濾材的維護仍然有其必要。換言之，除了維護上部式過濾系統外，還要維護底部式過濾系統。

＊採用上部式與底部式併用的過濾方式時，可以只使用上部式用的打水幫浦或底部式用的打水幫浦，不過我不建議生手採用這種方式。

那是因為，我們之所以與上架式併用，主要是為了減輕維護底部通暢的負擔，一旦上下使用同一個打水幫浦，便無法達到此一目的。

反之，這麼做的優點就是只需準備一台打水幫浦，在成本上節省了許多。

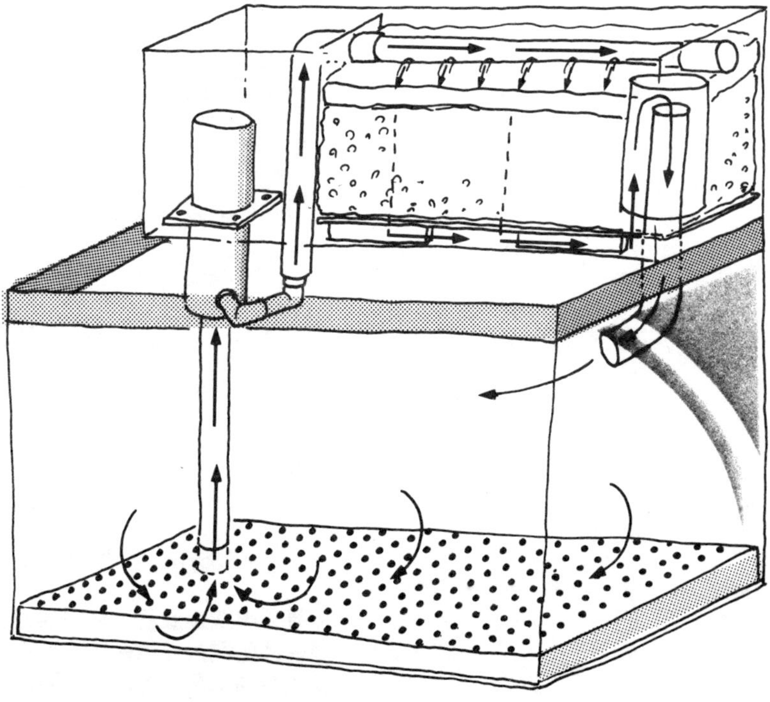

上部式與底部式併用一個打水幫浦的方式

密閉式過濾系統

又稱外部式過濾器或強力過濾器。外型美觀，幫浦聲音較小為其特色，藉由風管的延伸，可以自由選擇密閉式過濾槽的設置場所。

而其最大的特徵，則是利用範圍廣泛，可說是非常方便的過濾器具。

以下介紹其用途供各位作為參考。

- 當主要過濾系統的打水幫浦故障時，可利用密閉式過濾系統來應急。
- 當魚隻罹患傳染性疾病時，可將生病的魚加以隔離，作為治療用的水槽。
- 可對各種過濾系統發揮輔助效果。
- 使用密閉式過濾系統時，可輕易加裝冷卻器、殺菌燈等各種器具（請參照第Ⅵ章）。

雖然密閉式過濾系統的用途很廣，但就飼養海水魚而言，我並不建議讀者將其當成主要的過濾系統。尤其是生手，最好是把它當成輔助工具，而不要當成主要的過濾系統。

＊由於過濾槽呈密閉狀態，因此打氣量並不強，濾材也無法讓好氣性硝化菌充分繁殖。

這是外架式過濾器，又稱強力過濾器的密閉式過濾系統，可將其當成輔助工具，但最好不要當成主要的過濾系統。

E 「水族箱系統」與其他的關係

預算、過濾能力、維護、周邊配備的連接

水族箱系統	預算	過濾能力	維護	與周邊器具的連接
底部式過濾系統	◎	○	×	×
上部式過濾系統	◎	△	○	×
底部式、上部式併用過濾系統	△	◎	△	×
密閉式過濾系統	△	△○	○	○
溢流式過濾系統	△×	◎	◎	◎

*這裡所謂的周邊配備，主要是指冷卻器、殺菌燈、蛋白質分離器等。

*上表係針對一般器具進行評價。

至於各種用來彌補過濾方式之不足的產品，則不在本書的評價範圍之內。

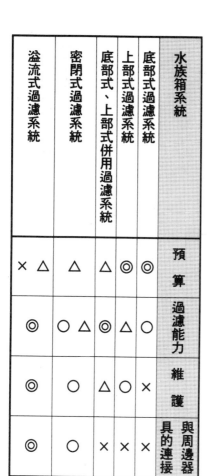

F 比重計

一般使用的比重計，包括由法國科學家波美所發明的「波美計」及美國製的「specific Gravity Meter」二種。

比重計一如文字所示，是測量海水比重的器具。其中，「波美計」主要是浮在海水上進行測量，而「Specific Gravity Meter」則是直接放入容器內的海水裡進行測量。比重的數值，會因水溫不同而產生差異。某些比重計已能根據水溫的差異，自動修正所讀取到的數值。

一般所使用的比重計，大多用玻璃製成，使用時需特別注意。至於「specific Gravity Meter」則是用塑膠製成，在使用及讀取數值上均較為方便。

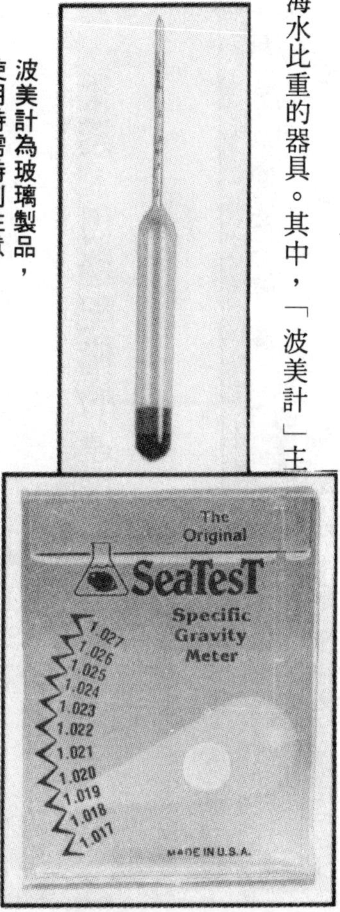

波美計為玻璃製品，使用時需特別注意

G 水溫計

飼養海水魚時，絕對避免水溫急遽變化與保持「適合飼養的水質」同樣重要。

在第Ⅱ章「海水魚的基本知識」中曾經提及，熱帶性海水魚大多棲息於二十五℃前後的水溫下。換句話說，水族箱內的水溫，必須保持在二十五℃上下。有關調節水溫的保溫器具及冷卻器具，將留待稍後介紹，在此要為各位介紹的，是測量水溫不可或缺的水溫計。

水溫計大致可分為棒狀玻璃製及數據式二種類型。玻璃製水溫計的形狀，與測量體溫的體溫計相同，利用吸盤附著在水族箱內部。至於數據式水溫計，則只有掃瞄部分置於水族箱內。其重點在於應該把水溫計放在能夠確認水溫的位置。下面就針對二種水溫計的特徵加以說明。

玻璃製

＜優點＞

・讀取方便。

・價格便宜。

＜缺點＞

・吸盤的橡皮在腐蝕後會喪失吸著力。

・因為是玻璃製品，故讀取時必須特別小心。

數據式

＜優點＞

・顯示水溫的字體較大，容易讀取。

・掃瞄部分與顯示部分（本體）各自獨立，故只要是在延長線的範圍之內，可以自由選擇放置顯示部分的場所。

＜缺點＞

・本體未經防水處理，沾水後容易毀壞。

・價位較玻璃製品高。

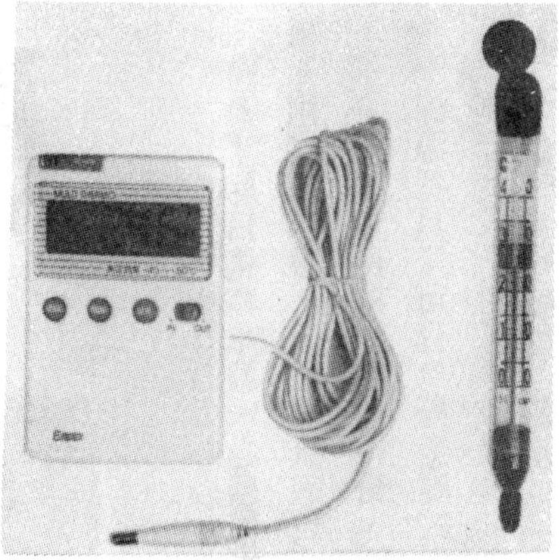

水溫計分為棒狀玻璃製（右）與數據式（左）兩種

H 保溫器具

為了保持適當水溫，必須使用保溫器具。

由構造來看，保溫器具大致可分為二個部分。

一個是發熱的加熱器部分，一個是控制水溫的恆溫器部分。

保溫器具又可分為雙金屬式保溫器與電子恆溫式加熱器二種。

雙金屬式是利用轉動螺絲來調節水溫，至於轉多少次才能達到預定的溫度，則沒有一定的標準，必須重複查看水溫計來進行調節。基本上，這種保溫器的可信度有待商榷。

另一方面，電子恆溫式加熱器則可轉動刻度，配合轉動盤上的水溫設定溫度。

本書將以電子恆溫式加熱器為主加以說明（照片上所顯示的，是裝在盒套裡的加熱器）。

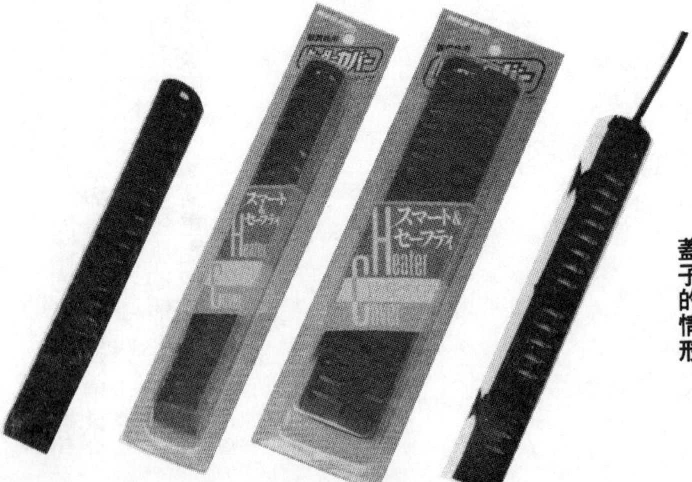

照片右端為加熱器加上蓋子的情形

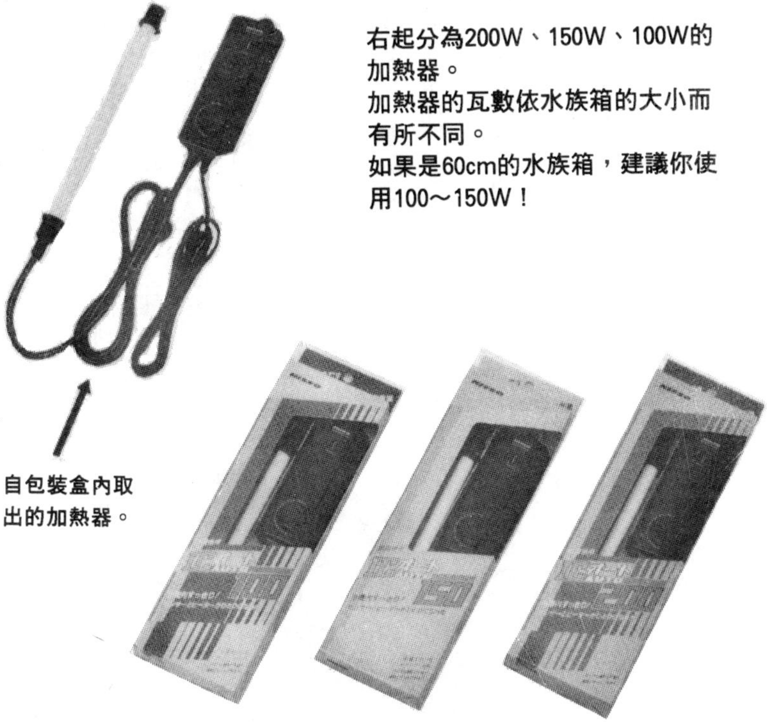

右起分為200W、150W、100W的加熱器。
加熱器的瓦數依水族箱的大小而有所不同。
如果是60cm的水族箱，建議你使用100～150W！

自包裝盒內取出的加熱器。

水族箱大小與加熱容量的關係

根據各個地區的氣象條件，加熱器所需要的瓦數（加熱器的加熱能力），會因水族箱的大小（正確地說應該是水量的多寡）而有所不同。以下的數值，僅供各位作為參考。

由於五〇瓦和一〇〇瓦的加熱器價格差距不大，因此在一開始時，不妨選擇瓦數較大的加熱器。

六〇公分水族箱：一〇〇～一五〇瓦

七五公分水族箱：一五〇～二〇〇瓦

（上圖從右到左分別為二〇〇瓦、一五〇瓦、一〇〇瓦）

恆溫加熱器

本體部分包括電源插頭、偵測器及加熱用插頭等。另外，本體上設定水溫的部分，又分為轉盤式（照片上）與數據式（照片下）二種。

各個種類所需的加熱器瓦數各有不同，選購時要特別注意。

除了加熱器以外，有些恆溫器也可以控制冷卻器。為了方便起見，當裝有冷卻器時，最好選擇可以同時控制加熱器與冷卻器的恆溫器。

●恆溫加熱器的種類

・只能控制加熱器的恆溫加熱器
・能同時控制加熱器和冷卻器的恆溫加熱器。

有關安裝加熱器的方法，請參照第Ⅳ章的說明。

以轉盤方式設定溫度的恆溫器

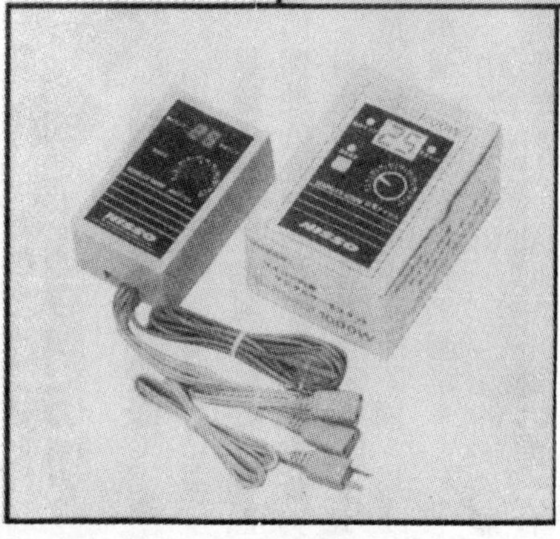

數據式恆溫器

I 照明器具

生長於南國陽光下的海水魚身上的華麗色彩，可說完全是拜太陽所賜。

有些海水魚在經過長時間飼養以後，會逐漸褪去原來的體色。即使是在飼養技術相當進步的現代，仍然無法完全防止某些魚種的褪色現象。導致褪色的原因，包括照明太弱或照明種類選擇不當等等。單就防止魚體褪色而言，照明程度當然是愈亮愈好。問題是，太強的照明，有時也會引起種種弊害。

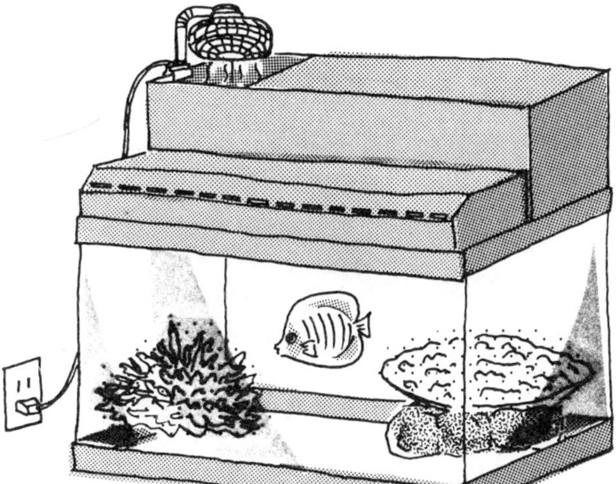

藉由小型風扇改善通氣狀況

強化照明的缺點及對策

〈缺點〉

會導致水溫上升（鹵素燈是照明效果極佳的燈具，不過卻會產生極高的熱氣）

〈對策〉

・在水面上送風（參考上圖），利用氣化熱原理使水溫下降。

・在水面與照明器具之間送風或改善通氣情形。

・加裝冷卻器（請參照第VI章「冷卻器」的部分）。

〈缺點〉

水族箱內容易長青苔。

〈對策〉

・利用簡單的清掃器具清理青苔。

・同時飼養藻食性生物，如青蛙魚等，因其以青苔、藻類為主食，故又被視為水族箱的掃除部隊。

另外，養幾個五爪貝之類的貝類，也可達到相同效果。

・加裝殺菌燈。

藉此可抑制青苔的產生（請參照第VI章「殺菌燈」部分）。

照明器具的種類

・PG管（即海水魚及熱帶魚用的螢光燈）
・高演色螢光燈
・人工太陽光
・白熱電燈
・鹵素燈

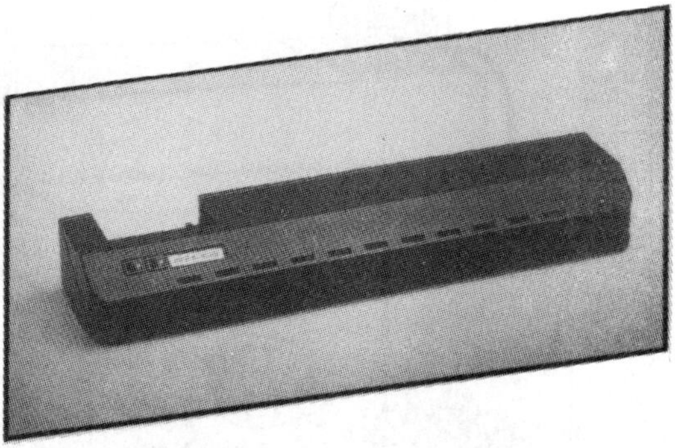

二燈式彩色燈具（60cm水族箱用）

水族箱大小與照明器具的關係

・六〇公分水族箱：二〇瓦×二根＋其它照明（間接光線（如照片左）或五〇瓦的小燈等）

間接照明的範例

電磁式刮取青苔的道具

J 空氣循環

第Ⅱ章曾經提到，空氣循環也是非常重要的部分。魚用鰓呼吸，而空氣循環器則是維持魚類生命的裝置。當然，除了維持魚類生命之外，空氣循環器還具有其它目的。

空氣循環的目的

- 供給魚類充足的氧氣。
- 促進好氣性硝化菌的繁殖。
- 夏天時可抑制水溫上升。
- 裝在加溫器附近時，可將加溫器的熱度帶進水族箱內。

空氣循環的必要器具

空氣幫浦

空氣幫浦的種類繁多，可根據目的來加以選擇。

選擇要點如下：

- 如果水族箱是裝在臥室，則最好選擇靜音式空氣幫浦，以免干擾睡眠。

小型空氣馬達（右側類型可利用轉盤來調整空氣）

・為了方便調節強弱，可選擇轉盤式或切換式的開關（如七五頁圖所示）。

・一台空氣幫浦可集中處理好幾個水族箱或蛋白質分離器（參照第Ⅵ章「蛋白質分離器與臭氧發生器」）。如果要將幾種器具同時接在空氣幫浦上，則必須使用空氣量（風量）較大的幫浦，只要在風管上加裝接頭即可。

（七六頁圖上為大型空氣幫浦，下為調節閥）

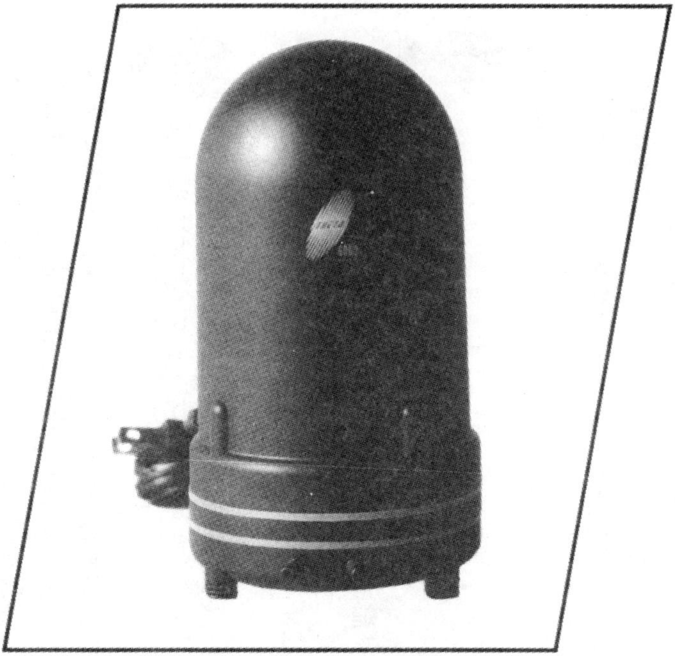

大型空氣馬達（西達系列6000）

加裝於大型空氣馬達的空氣調節閥

風　管

風管的作用，在於將空氣幫浦裡面的氧氣，送到水族箱內。浸在海水裡的部分原就容易老化，如果用的又是價格便宜的劣質風管，則不出一個月便會呈現硬化狀態。因此，從耐久性來看，我建議各位選擇矽膠風管。

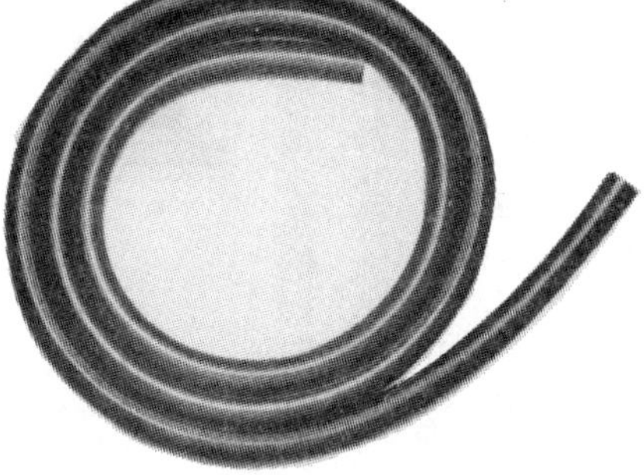

空氣吹出口

空氣吹出口是指空氣出來的部分。

為了使氧氣能很有效率地溶於海水內，最好選擇吹出來的泡沫較細的空氣吹出口。

空氣吹出口一般可分為三種。

・以前使用的是所謂的「木石」型空氣吹出口（照片中央的二個），所吹出的氣泡極細。

但因為是用木頭製成，所以很容易腐蝕。當氣泡愈來愈細時，就表示已經到了更換的時候。

・「陶瓷」型（照片左端）空氣吹出口，也可以吹出細緻的氣泡。在使用幾個月後，吸盤部分容易老化，有時還會漏氣。因此，當所吹出來的泡沫愈來愈細時，只要將吸盤部分稍微熱一下，即可恢復原來的彈性。

・照片右端是飼養淡水魚最常用的「氣泡石」。

照片左端為陶瓷型、中間兩個為木石型、右端則為一般的氣泡石

K 人工海水

飼養海水魚的絕對條件之一，就是「海水」。海水又分為「天然海水」與「人工海水」二種。觀賞用的熱帶性海水魚大多棲息於珊瑚礁，若能使用海水當然是最理想不過。

可是，天然海水由於採集地點不同，混入雜菌或不純物質的可能性很高，放入水族箱內反而引起種種問題。在這種情況下，倒不如使用人工海水。

●何謂人工海水？

所謂人工海水，就是在水中加入飼養海水魚所需的各種成分，亦即以人為方式製成的海水。

人工海水並非直接倒入水族箱內就可使用的液體，而是裝在袋內，如食鹽般的結晶狀態，一般是將其放在純水中溶解，調到適當的濃度後才可使用。因為是以人工方式製成，所以不太可能含有其它有害的雜質，而且可以依需要來調製。

●天然海水的成分

以下僅列舉天然海水的主要成分供各位作為參考。

元素名	溶解中的狀態	量（海水 1kg 中的g數）
鈉	Na	10.556
鎂	Mg^{2+}	1.272
鈣	Ca^{2+}	0.400
鉀	K^{+}	0.380
鍶	Sr^{2+}	0.013
鹽素	Cl^{-}	18.979
硫磺	SO_4^{2-}	2.648
二氧化碳	HCO_3^{-}	0.139
臭氧	Br^{-}	0.064
硼酸	H_3BO_3	0.026

L 濾材

濾材可分為生物過濾用與物理過濾用二種。

尤其是在生物過濾方面，如何讓好氣性硝化菌大量繁殖上，濾材扮演著非常重要的角色。哪一種濾材有助於硝化菌的繁殖呢？一般而言是使用珊瑚砂。至於進行物理過濾時，則使用過濾網。

●物理過濾

物理過濾通常是使用過濾網。用纖細纖維製成的綿狀過濾網，除了讓海水通過外，也將造成堵塞的原因，如渣滓、魚的殘餌等一併去除。

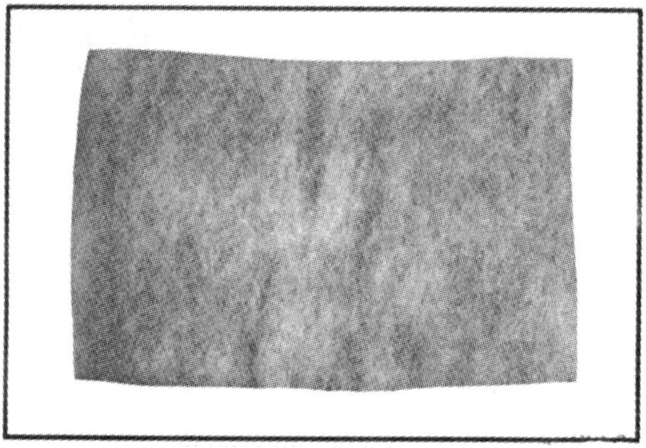

進行物理過濾用的過濾棉

●生物過濾

主要是使用珊瑚砂。珊瑚砂上的孔穴本身，就是硝化菌繁殖的最佳場所。

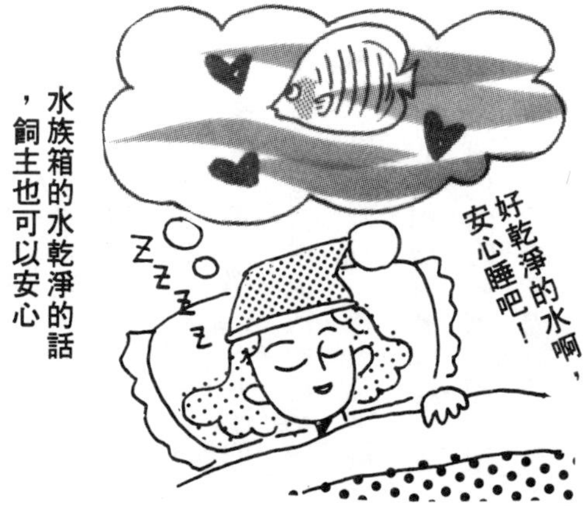
好乾淨的水啊，安心睡吧！
水族箱的水乾淨的話，飼主也可以安心

在第Ⅱ章討論「PH」的部分當中，我們曾經提到適合海水魚生長的海水，最好是呈弱鹼性。

珊瑚礁屬於石灰質，故使用珊瑚砂作為濾材，具有使海水保持弱鹼性的效果。此外，和其它濾材相比，珊瑚砂的價格也比較便宜。值得注意的是，新買回來的濾材或裝飾用的珊瑚礁，大多不太乾淨，必須先用水洗淨後才可使用（請參照一四八頁）。

照片上的珊瑚砂，為直徑五～八㎜的小顆粒，主要使用於上架式過濾槽、底部式過濾槽及乾式濾材。

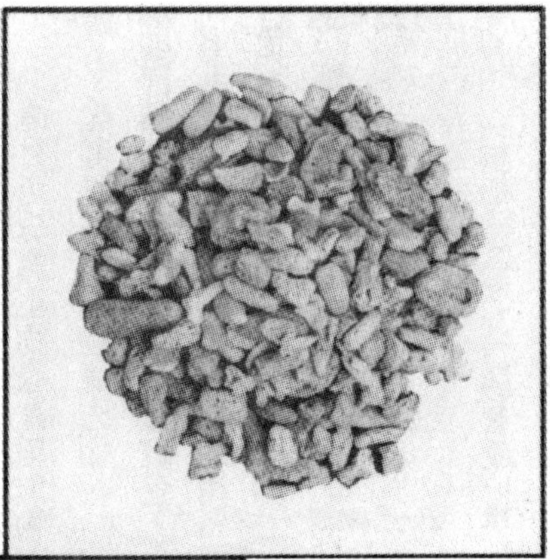

上部式、底部式，乾式過濾系統常用的直徑5～8mm的小顆粒濾材。

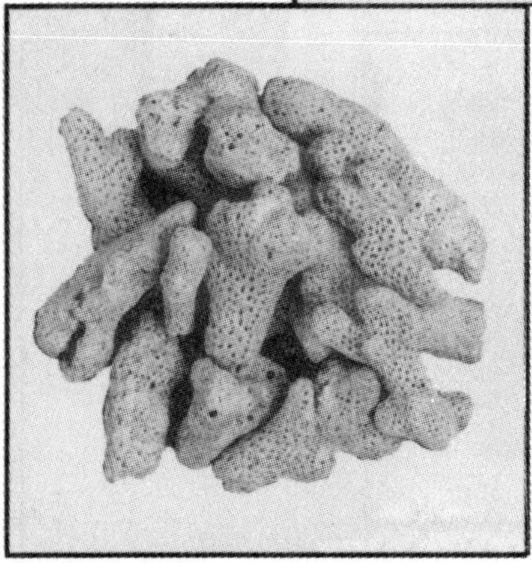

適合溢流式過濾系統使用的直徑3～5cm的大顆粒濾材。

照片下為直徑三～五㎝的大顆粒，適合溢流式過濾系統使用。另外還有一種人工製成的濾材。它和珊瑚砂一樣，也適合於硝化菌的繁殖，而且很輕，美中不足的是價格較為昂貴。

目前，這種濾材大多使用於乾式過濾系統，效果還不錯。

白條雙鋸魚

IV 水族箱的設置

上架式水族箱系統

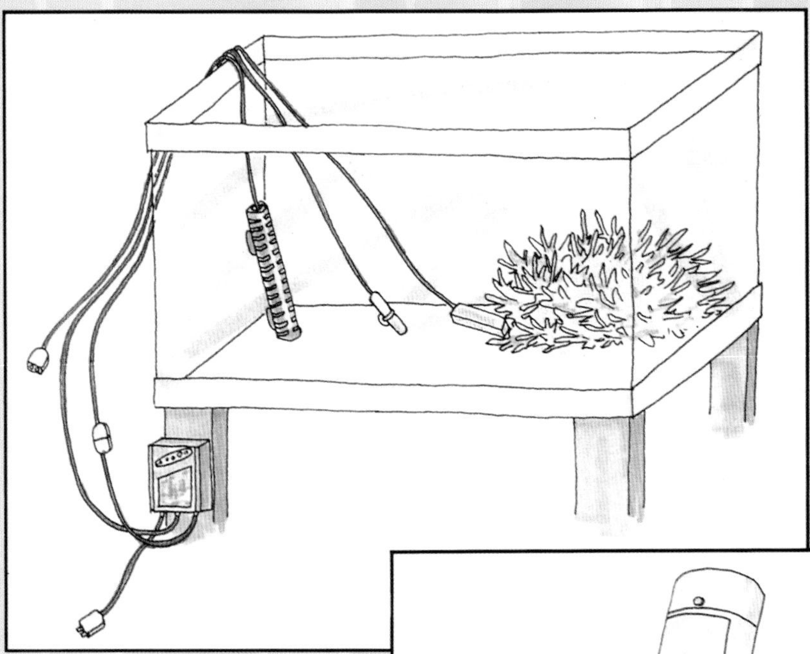

◆上架式過濾槽組裝完畢後，可將大型裝飾用珊瑚礁放入水族箱內部。

◆接著將裝有盒套的加熱器、連接加熱器的恆溫器的掃瞄部分和氣泡石一起放入水族箱內。

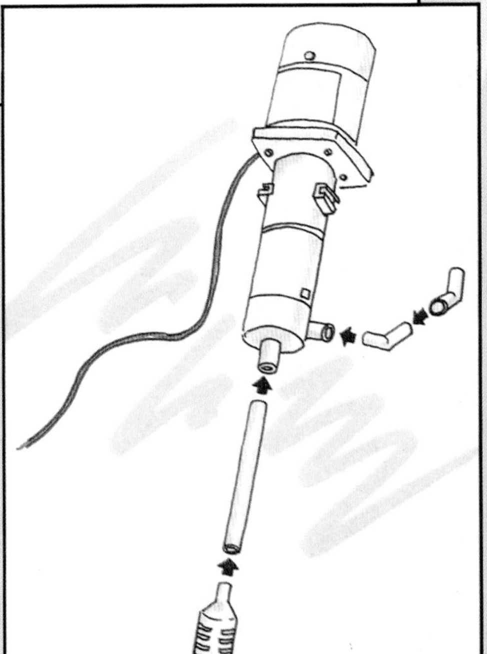

◆組合打水幫浦。

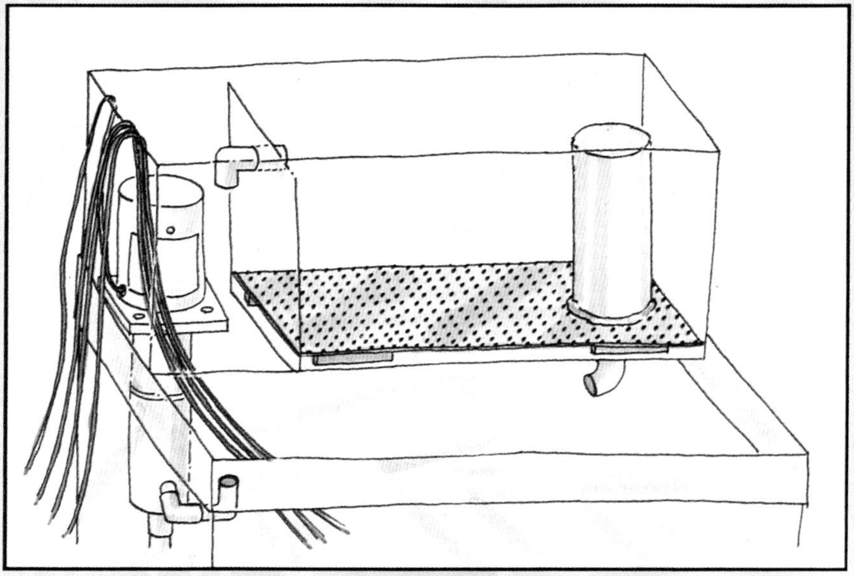

◆將打水幫浦固定於水槽的左後方。
◆將過濾槽放置於水族箱上方。這時，由於部分空間已為打水幫浦所占，故將電線拉出過濾槽外。

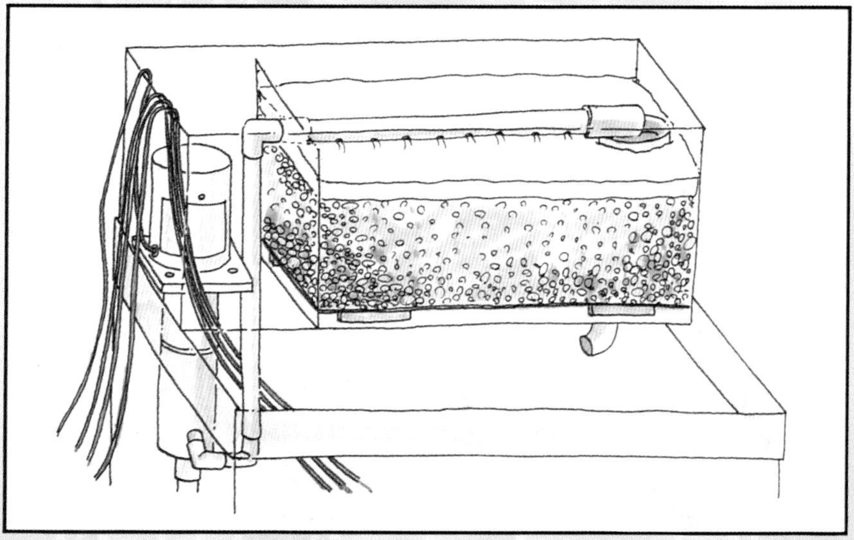

◆將附屬管線插入打水幫浦及蓮蓬水管的L字形的水管內。
◆將用清水清洗過的珊瑚砂濾材鋪在底層。
◆其上安裝濾頭。
◆接著裝上蓮蓬水管。

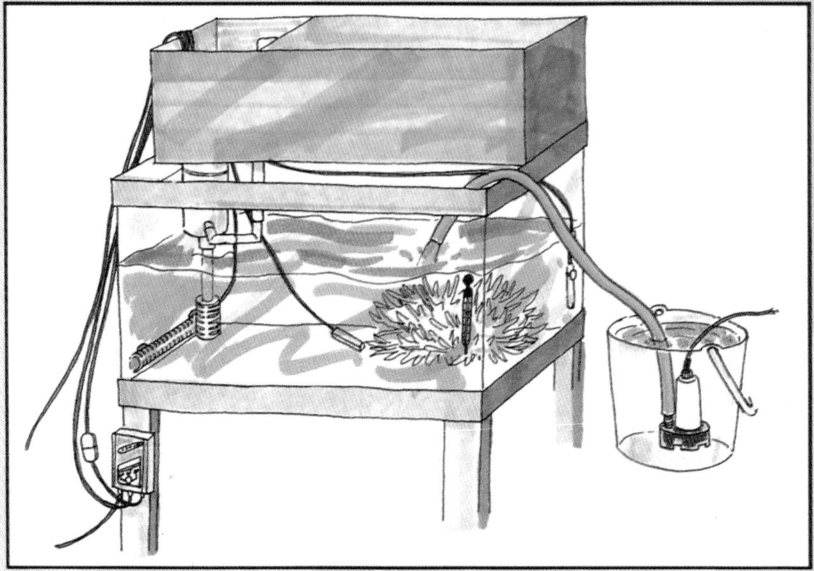

◆利用幫浦將水桶裡的人工海水汲進水族箱內。
◆加熱器以橡膠吸盤固定住。
◆將掃瞄器、水溫計固定在加熱器的相反側。

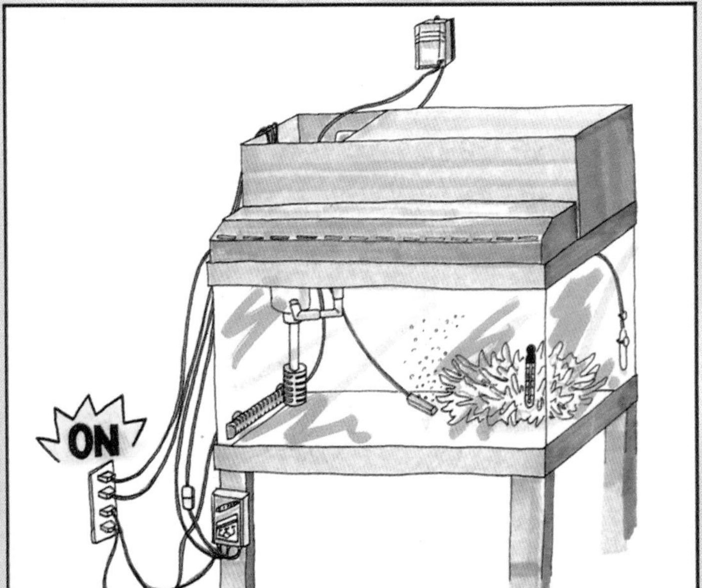

◆插上全部電源。
◆將恆溫器設定在25℃（最適合魚隻生長的溫度）。
◆確認海水是否開始循環。
◆確認有空氣從氣泡石釋出。
◆經過一段時間後，觀察水溫計的水溫是否與先前設定的溫度相符。
（藉此可知恆溫器是否故障、水溫計是否破損等）。

溢流式水族箱系統

◆將水族箱放在與過濾槽一體成形的專用枱面上。

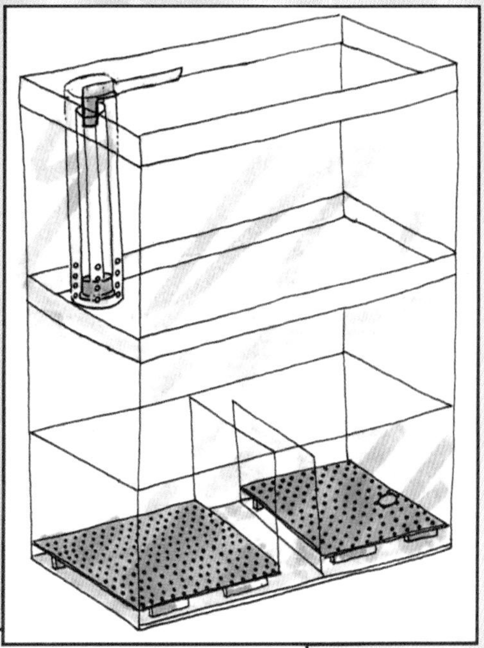

◆用清水充分清洗濾材用珊瑚砂（濕式使用大顆粒珊瑚砂、乾式則使用小顆粒珊瑚砂）。

◆將大顆粒珊瑚砂裝入網袋內，放在過濾槽左側。

◆將打水幫浦安裝在過濾槽的右側。接著，將幫浦前端插入孔穴中。

◆打水幫浦的電源插座、裝上盒蓋的加熱器、連接加熱器的恆溫器的掃瞄部分、氣泡石等，全部放入過濾槽內，各種電源線則由過濾槽上部右方的孔穴中拉出。

◆將氣泡石安裝在作為濾材的珊瑚砂上。

◆掃瞄器以橡膠吸盤固定在左側過濾槽的側面。

◆另外再用橡膠吸盤固定在右側的過濾槽內。

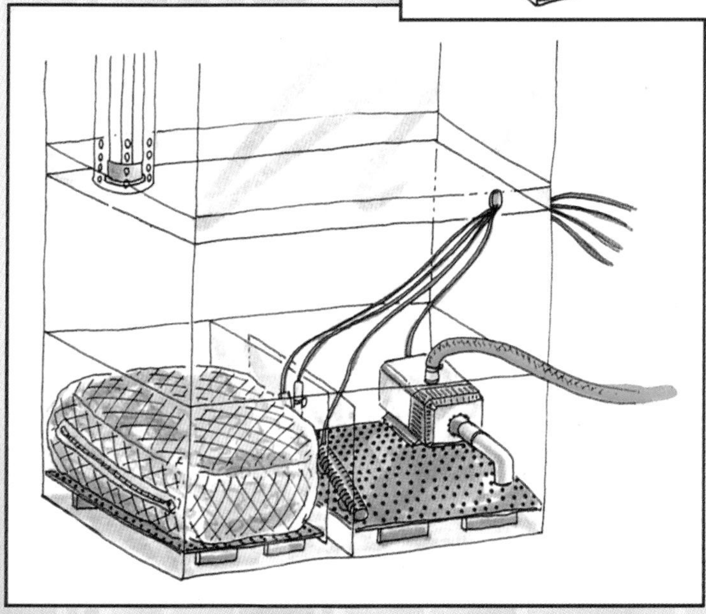

◆在乾式過濾槽內鋪上小顆粒珊瑚砂。
◆放置隔板，並在其上鋪上濾頭。
◆將乾式過濾槽置於濕式過濾槽之上。

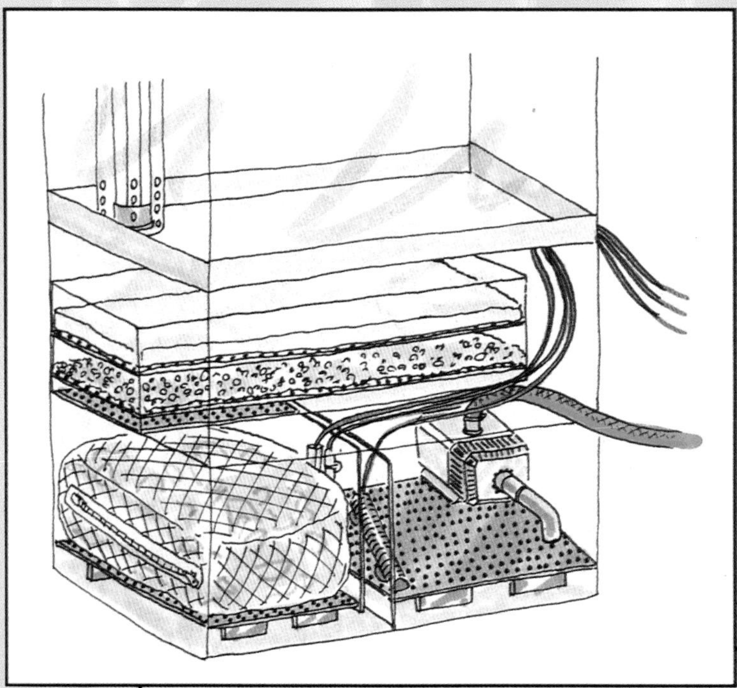

◆將蓮蓬水管插入水族箱下方。
◆將打水幫浦的風管，插入蓮蓬水管上方突出的短管內。

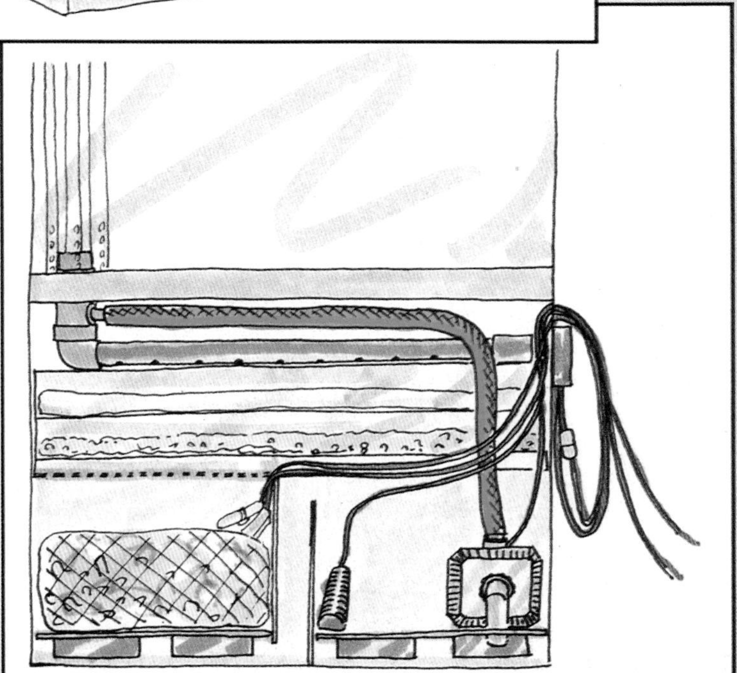

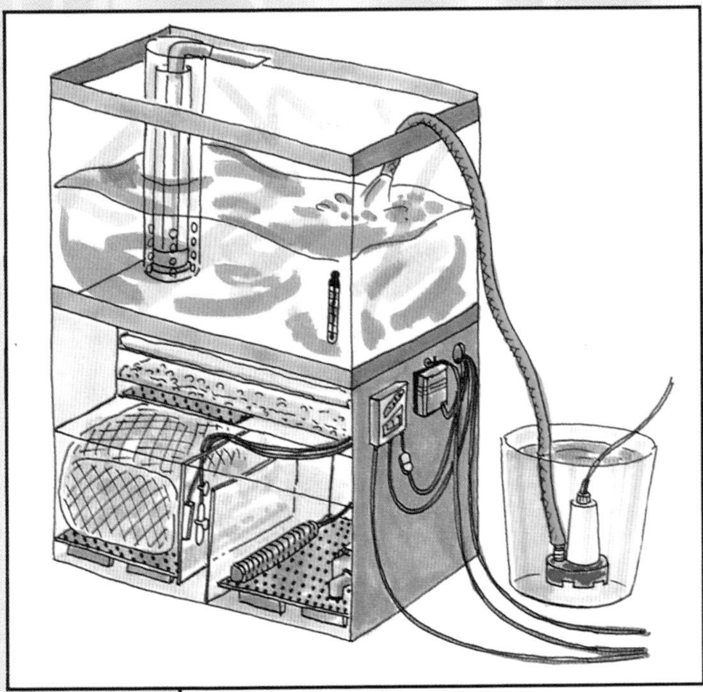

◆以幫浦將水桶內的人工海水汲入水族箱內。

◆將水溫計安裝在水族箱內。

◆插上全部電源。

◆將恆溫器的水溫設定在25℃（最適合魚隻生長的溫度）。

◆確認海水是否開始循環。

◆確認是否有空氣從氣泡石出來。

◆經過一段時間後，觀察水溫計的水溫是否與先前設定的溫度相符（藉此可知恆溫器是否故障、水溫計是否破損等）。

「參觀各個私人水族箱」

富士見幼稚園（安見園長先生）

HOME AQUARIUM

在該幼稚園內，有一棟紅色建築物，上面寫有「水族館」三個字。
這個迷你水族館係由園長親自設計，本身就是幼兒教育的一環。

透過這個迷你水族館，可以讓孩子們瞭解魚兒喜歡何種環境，或在何種狀況下會死亡等知識。
偶爾，有些不懂事的孩子，會把遊樂場的沙子丟進水族箱內。

為了讓孩子們也可以餵食魚隻，園長特地將南極蝦等乾燥餌分裝成小盒，讓幼兒們丟進水族箱內。
儘管有些魚隻因為幼兒們的不當處理而告死亡，但是對幼兒而言，這不也是一種生命的體驗嗎？

清掃水族箱及餵食等，全都是園長的工作。
這個幼稚園，可說是真正在實踐與自然接觸的人本教育

石綿診所
（石綿弘敏院長）

水族箱：
60×40×40cm（壓克力）
過濾方式：
溢流式過濾系統

選擇溢流式過濾系統的理由
因其美觀、過濾性強、維護容易

飼養心得
自從在候診室擺了這個海水魚水族箱之後，患者紛紛給予好評。
因為水有助於撫平心靈，所以國外許多醫院都喜歡用水族箱作為裝飾。現在正是從「資訊化時代」轉換為「心靈時代」的時刻，透過飼養海水魚，我感受到了這個事實。

內山惠美子小姐

海水魚飼養經歷：3年

水族箱：60cm
過濾方式：
溢流式系統

HOME AQUARIUM

飼養心得

這是一個在過濾槽內飼養海水魚的構造（單槽式），由於與房間的整體佈置配合，因此給人相當華麗的感覺。

美中不足的是，經過幾年以後，魚的殘餌和排泄物不斷蓄積，以致濾材很容易堵塞。看來，水族箱並未充分發揮溢流式過濾系統的長處。

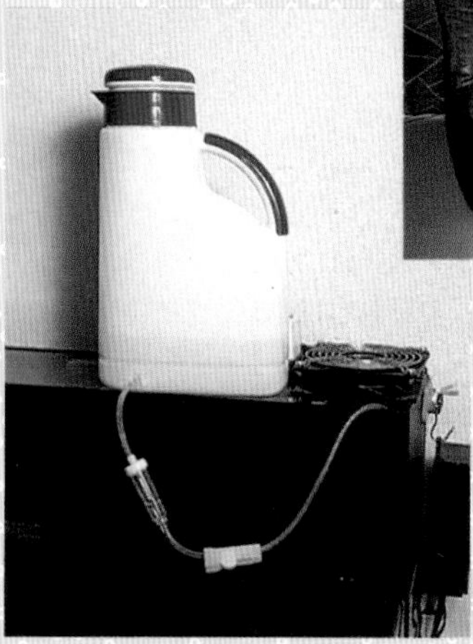

特殊配備

夏天時，必須利用小型風扇以防止水溫上升。

另外，由於水分蒸發得很快，故將清水裝在容器內，以點滴方式慢慢加入水族箱內。

HOME AQUARIUM

五十嵐仁先生

海水魚飼養經歷：3個月

水族箱：60cm

過濾方式：上部式過濾系統

飼養心得

剛開始養時，是使用45cm底部式過濾系統，但一直不太順利，於是改用60cm的水族箱及上部式過濾系統。

自從在起居式擺了個水族箱後，家中的氣氛似乎更加和樂了。

鈴木豐久先生

海水魚飼養經歷：2年半

水族箱：90cm（壓克力）
過濾方式：
海水魚用大型上部式過濾系統
其它：15W的殺菌燈

飼養心得

可以和孩子們一同享受磯釣的樂趣。
家裡所養的海水魚，都是我親自出海釣回來的，所以在我心目中，牠們都是無價之寶。
也因為是自己釣回來的，家人對牠們都非常愛護。在我認為，這是既不花錢、又能增進家庭和樂的最好方法。

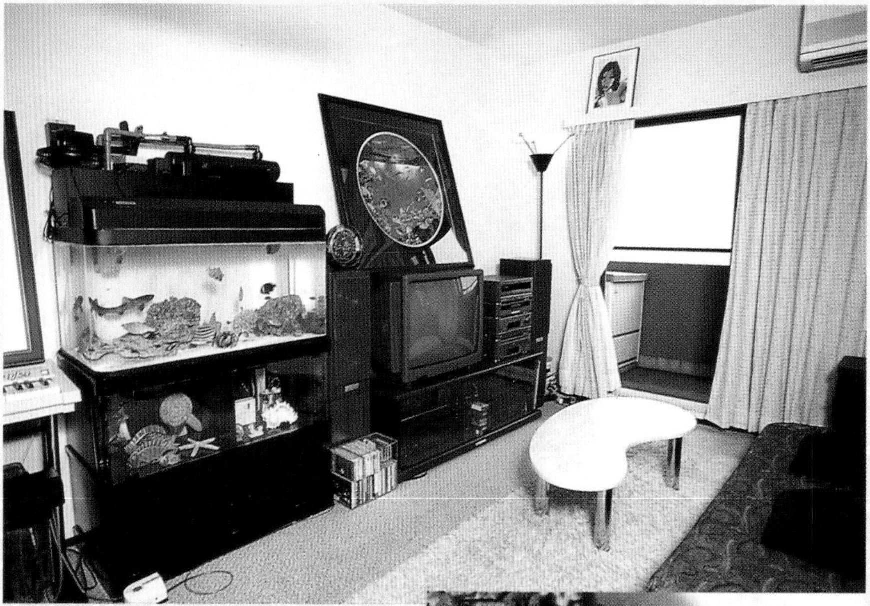

特殊配備

加裝小型風扇，以防止夏天水溫上升。

海水魚研究所

水族箱：

3m×65cm×65cm（重合接著）

過濾方式：溢流式過濾系統

過濾槽：三段式段差處理

主要器具：

300W冷卻器

大型蛋白質分離器

30W×4 盞殺菌燈（並排連接／附有水流調整器

臭氧發生器（常用者為150mg/ h）

照明：螢光燈（30W×6支）

間接燈

鹵素燈（100W×3支）

為了讓更多人瞭解神秘、華麗的海水魚，海水魚研究所特地針對海水魚的飼養方法及良質淨化裝置進行研究。

人們之所以經常抱怨「海水魚很難養」，主要原因就在於選擇了錯誤的水族箱系統。對生手而言，最保險的做法，是使用60cm溢流式過濾系統。

最近，很多人紛紛以大型水族箱作為室內裝潢的一部分。照片中的水族箱，就是海水魚研究所的作品之一。其所強調的重點，是它的裝潢性及維護的簡易性。

大型水族箱尤其注重平時的維護。以一個3m的水族箱為例，所需的螢光燈為30W×6支（合計180W），而將6支螢光燈擺成一列，不但笨重、巨大，而且不方便取出。反之，如果將其吊在天花板上，則可以根據你喜歡的高度來調整，可說非常方便。

另外，在進行維護那一側的地板，還特別作了防水處理，以方便換水及一般維護工作。這個設計，除了考慮到淨化裝置的性能之外，也兼顧了維護的方便，相信更能增進飼養海水魚的樂趣。

其它海水生物

除了第一章所介紹的海水魚之外，還有很多海水生物，例如蝦、蟹、石狗公、海葵等。其中的某些種類，對於海水魚的飼養頗有助益。

例如：以青苔為主食的蛙鯯，可以幫忙清除水族箱內的青苔。至於寄居蟹，則是以沈入水族箱底部的殘餌為主食。

雷　達

學名：Nemateleotris magnifica

俗名：雷達

分布：印度洋～西太平洋

- 背鰭很長，如旗幟般站立著。
- 色彩美麗、外形可愛，相當受人歡迎。
- 應避免與個性兇悍或大型魚類混養。

給生手的建議：○

機械蝦

學名：Rhynchocinetes sp

俗名：機械蝦

- 與雜食性或肉食性的魚混養時會被吃掉。
- 為了安全起見，最好不要和其它蝦類混養。
- 經常在水族箱內產卵。

給生手的建議：○

小白獅

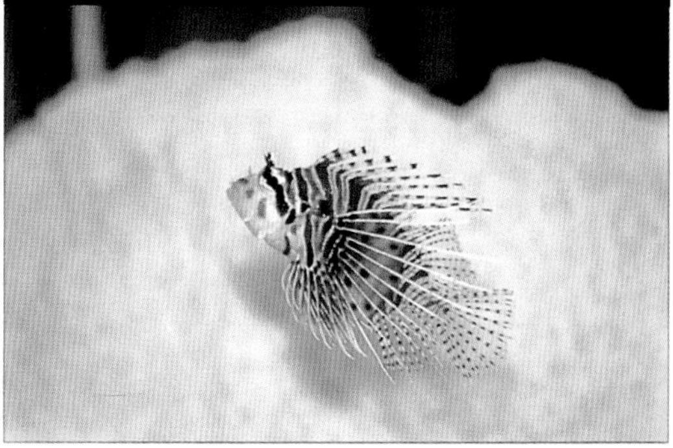

學名：Pterois antennata
俗名：小白獅
分布：印度洋～太平洋

- 在珊瑚礁海域及一般海域經常可以看到。
- 背鰭有毒，處理時需特別注意。
- 屬於肉食性，小型魚與其混養時會被吃掉。

給生手的建議：×

蛙鳚

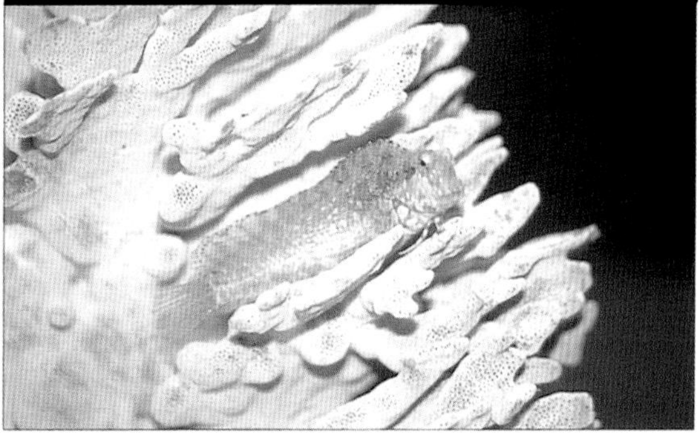

學名：Salarias fasciatus
俗名：蛙鳚
分布：印度洋～西太平洋

- 在岩礁性海岸經常可以看到。
- 在水族箱內係以青苔為食，可幫忙清掃青苔。
- 同時飼養多隻時容易打架，一次最好只養一隻。

給生手的建議：○

牛　角

學名：Lactoria cornute
俗名：牛角
分布：印度洋～西太平洋

有尖銳的角為其特徵。最好不要和其它大型魚混養。

給生手的建議：△
（需注意魚群的組合）

長袖蝦

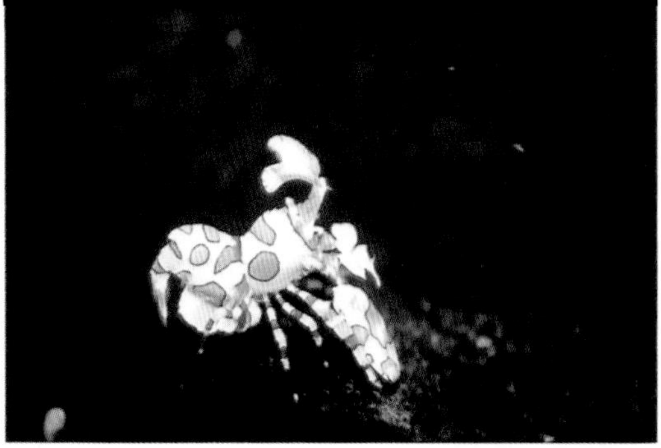

學名：Hymenocera
　　　picta
俗名：長袖蝦
分布：菲律賓、夏威夷、斯
　　　里藍卡

- 在蝦類中屬於相當受歡迎的一種。
- 在為數衆多的海星中，只吃昆布海星。

給生手的建議：×
（因為它的食物很難買到）

海　葵

學名：Radianthus
　　　kuekenthali
俗名：海葵
分布：印度洋～太平洋

- 以與小丑魚共生而聞名。
- 對水質十分敏感，水溫一超過30℃便無法存活。

給生手的建議：△
（注意水質的管理）

寄居蟹

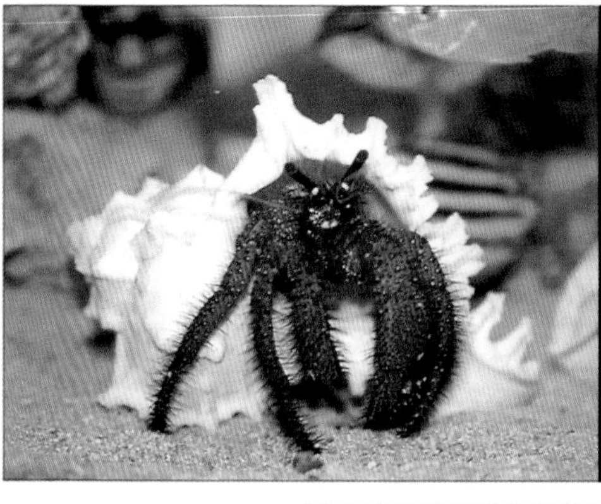

- 在珊瑚礁海域經常可見，種類達數十種之多。
- 會沈在水族箱底部，以殘餌為食。
- 大型寄居蟹可能會把魚吃掉，故最好選擇體型較小者。

給生手的建議：○

V　飼養方法

A 選擇方法

當你準備好適合養海水魚的水族箱系統，水質也維持在適合飼養的標準，也就是硝化菌繁殖得夠多以後，接下來就到了把魚放進水族箱的時候了。

你會選擇什麼樣的魚呢？是色彩鮮艷的魚，還是外型美觀的魚呢？當你想到海水魚在你親自設置的水族箱內悠游的情景，一定會覺得心嚮往之吧？

選購海水魚時，必須掌握以下三個要點。

從容易飼養的海水魚開始

所謂容易飼養的海水魚，必須具備「協調性佳、馴餌容易」等條件。

●協調性

所謂具有「協調性」，就是養在一起的海水魚之間，不會發生爭執、互咬的情況。

稍後將會提到，在自然海域中，魚群間會有領域之爭；此外，這也是一個大魚吃小魚、弱肉強食的世界。和空間有限的水族箱不同的是，大海面積廣濶、又有許多珊瑚礁、岩石供弱小的魚兒躲藏。而水族箱內因為面積狹窄，魚群的領域意識相對地變得更加強烈，因而爭執、互咬的情形經常可見。

肉食性海水魚與小型海水魚混養時，由於躲藏的地方有限，後者被吃掉的可能性大為提高。在這種情況

下，選擇協調性高的海水魚，就變得非常重要。尤其是對生手而言，務必要選擇協調性佳的魚來飼養。

●馴餌

一般人對「馴餌」的定義是：「桀傲不馴的野生動物，從一開始的拒絕覓食，到最後主動乞食或索餌」的過程。

飼養海水魚時，選擇容易「馴餌」的魚類也是重點之一。因為容易馴餌的魚類，通常較快習慣以人工方式製成的食物。根據食性，海水魚大致可分「肉食性」、「草食性」、「雜食性」三種。

肉食性海水魚通常是以魚、珊瑚蟲、動物性浮游生物、蝦、蟹等為主食。例如，石狗公、關刀魚等肉食性海水魚，即以小魚、蝦為主食。

草食性海水魚通常是以藻類為主食，例如，粗皮鯛科。棘蝶魚則屬於雜食性，以蝦、藻類、小魚等為主食。

海水魚依其種類不同，食性也有所差異。不過，在陸地上飼養時，當然不可能像在大海裡一樣，隨時都有各種餌食可供覓取，因此選擇容易馴餌的魚隻就變得非常重要。值得注意的是，某些種類的海水魚特別難以馴餌。尤其是蝶魚，通常只吃珊瑚蟲、珊瑚息肉或某些很難找到的微生物，是以飼養起來格外困難。像四線蝶、法國蝶、紅海天星蝶等，就是很好的例子。

棘蝶科的魚類多半屬於雜食性，比較容易飼養。

蝶魚當中也有一部分是屬於雜食性，例如，關刀魚、月眉蝶、人字蝶等，都是屬於比較容易飼養的種類。此外，在馴餌方面容易飼養的雜食性棘蝶魚中，也有性格比較粗暴的。這種魚不管給牠再多餌食，還是會和其它魚隻爭執、打架，引發種種問題。

由此可知，所謂容易飼養的海水魚，應該同時具備「馴餌容易、協調性佳」兩個條件。剛開始飼養海水魚時，可以參考以下的「海水魚組合範例」。

海水魚組合範例

（以60cm的水族箱而言）

採用上架式過濾系統時

●以蝶魚為主的組合

①人字蝶　（6～10cm）×1（隻）
②紅尾蝶　（6～10cm）×1
③水銀燈　（3～4 cm）×2
④小丑魚　（3～4 cm）×3

放入水族箱內的順序（全部飼養時的順序）

③（兼具測試功能）➡②➡①➡④

■這些都是容易飼養的海水魚。
■組合時以小丑魚的紅色為強調重點。

●以小型棘蝶魚為主的組合

①火焰新娘　（4～5 cm）×1
②黃金新娘　（4～5 cm）×1
③藍倒吊　（2～3 cm）×4
④水銀燈　（3～4 cm）×2

放入水族箱內的順序（全部飼養時的順序）

④（兼具測試功能）➡②➡①➡③

■棘蝶魚大多屬於雜食性，從馴餌方面來看比較容易飼養。但是，在水族箱內最好不要飼養超過12公分的棘蝶魚。

■以藍倒吊柔和的藍色為強調重點。

●小丑魚與海葵為主的組合

①小丑魚　（ 3～4 cm）×1
②海葵　（10cm）　×1
③雷達　（ 3～4 cm）×2

放入水族箱內的順序（全部飼養時的順序）

③➡①、②

■海葵以蛤蜊為主食，每隔3～4天餵以半顆蛤蜊即可。方法是將蛤蜊放在其觸角（靠近嘴邊可自由伸縮、突起、攝取食物的部分）可及之處。

■海葵本身容易使水質惡化，而水質一旦惡化，其觸角便無法伸展得非常漂亮，因此必須養在硝化菌充分繁殖的水族箱內。另外，牠對水溫上升的抵抗力極弱，尤其是在夏天，水族箱內的溫度最好不要超過28～30℃。

採用溢流式過濾系統時

●以女王神仙為主的組合

①女王神仙　（10～12cm）×1（隻）
②雜色鸚哥魚　（4～5cm）×1
③月眉蝶　（4～5cm）×1
④水銀燈　（3～4cm）×4

放入水族箱內的順序（全部飼養時的順序）

④（兼具測試功能）➡③➡②➡①

■當水族箱的寬度為60cm、深度為40cm時，可以養長約15cm的棘蝶魚。

■在性格強悍的雀鯛當中，水銀燈算是比較溫和的一種，可以複數飼養。

●以各種海水魚為主的組合

①紅尾珠砂蝶　（5～6cm）×1
②黃三角倒吊　（6～8cm）×1
③雷達　（6～8cm）×1
④大花面　（4～5cm）×1
⑤黃尾藍魔鬼　（3～4cm）×8
⑥牛角　（3～4cm）×1
⑦蛙鳚　（3～5cm）×1

放入水族箱內的順序（全部飼養時的順序）

⑤（兼具測試功能）➡⑥➡①➡③➡②➡④➡⑦

■對生手而言，紅尾珠砂魚最好選擇已經在養殖中的。

■皇后神仙魚原就相當受歡迎，而其稱為大花面的幼魚，尤其受人喜愛。如果從幼魚開始飼養，則可以一路欣賞牠在變為成魚之前的成長過程。

●以蝶魚、黃金蝶為主的組合

①黃金蝶	（8～10cm）×2
②粉藍倒吊	（7～8 cm）×1
③虎皮王（雄）	（5～6 cm）×1
④虎皮王（雌）	（5～6 cm）×1
⑤水銀燈	（3～4 cm）×6

放入水族箱內的順序（全部飼養時的順序）

⑤（兼具測試功能）➡①➡③、④➡②

■粉藍倒吊的色彩非常有趣，能夠凸顯出黃金蝶的鮮艷色彩。

■與其它棘蝶魚相比，屬於棘蝶魚科的虎皮王，以形狀獨特為其特徵。

選購時的注意事項

●選擇健康的海水魚

購買時，應避免選擇出現以下狀況的魚隻。

•呼吸急促

應避免選擇呼吸急促，或者老是停在空氣循環口附近、嘴巴急速張合的魚類（請參照圖解）。

•出現刮傷等外傷

（魚鰭渾濁或出現割傷）。

•眼睛渾濁

（請參照次頁的圖）

•身上有剝落部分

（請參照第Ⅷ章「白點病」）

•眼球突出

（請參照第Ⅷ章「突眼病」）

•魚鰭邊緣有乳白色顆粒狀物附著

（請參照第Ⅷ章「淋巴囊腫病」）

•背或腹部瘦削

呼吸急促或者是停在空氣出口附近的魚隻不可購買

●分辨是否為馴餌的魚隻

選購時，可以要求店家當場餵餌。

如果魚隻願意接受人工乾燥餌，表示店家已經馴餌過了。對生手而言，最好選擇這類魚隻來飼養。

如果與店家相熟，不妨請其代為馴餌，然後再帶回家養。當然，最好直接購買已經馴餌的魚隻。

有關馴餌的方法，請參照本章「馴餌」部分的說明。

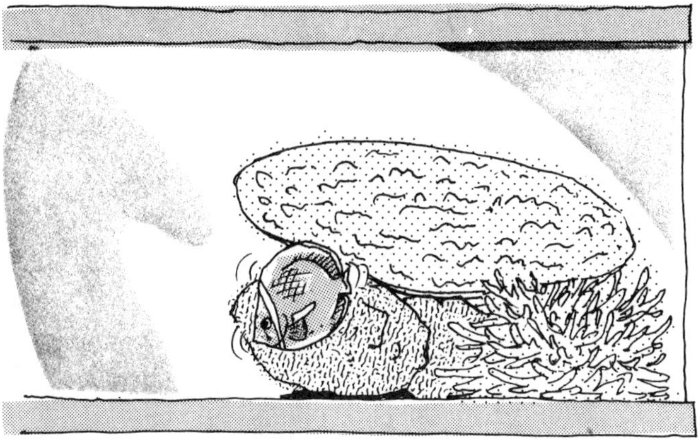

避免購買經常用身體摩擦珊瑚礁等粗糙表面的魚隻

魚隻的組合

在海水魚專賣店裡，可以看到來自世界各地的各種魚隻。其中有的海水魚只棲息於特定地區，例如，珊瑚礁海域。

不過，棲息於不同地區的海水魚，一樣可以養在同一個水族箱內。

●最難的是「組合與混養」

水族箱可說是集各個海洋於一身的小型世界。

這時最重要的問題是，養在一起的海水魚的組合。在同一水族箱內飼養複數以上的海水魚時，即所謂的混養。由於每一種海水魚均有其特殊習性，在決定混養時必須特別注意。

肉食性海水魚和小型魚混養時，小型魚通常會成為前者的食物。另外，在空間有限的水族箱內，同時飼養多種領域意識極強的海水魚時，往往會為了爭奪領域而大打出手。

一旦海水魚的組合不當，即使擁有能使水質維持在適合飼養標準的良質淨化裝置，魚隻同樣會面臨死亡。

很多人都認為在海水魚的飼養上，以組合和混養最為困難。的確，由於魚性不同，因此，我們很難斷言「這隻魚和那隻魚可以一起養」。

那麼，如何做出最佳組合呢？除了瞭解各種魚的特性及基本知識外，還要配合自身的經驗來挑選魚隻。

●避免同種同族、同樣花色或形狀的魚類混養

一般人的共同心得是，棘蝶魚、雀鯛、粗皮鯛科等同種類的海水魚，很難複數混養。

很多剛開始飼養海水魚的人，都希望能養一對，不過我建議生手最好打消這個念頭。即使不是同種同族，花色或形狀相近的魚，也應避免混養。當然，也有同種同族且喜歡群體生活的魚類，如水銀燈，這時複數飼養絕無問題。為免發生意外，在決定複數飼養之前，最好先確認魚性是否適合混養。

●避免一次放入太多魚隻

海水魚一放入水族箱內，便開始進行領域之爭。一週後觀察情況，如果水族箱內的魚兒都能和睦相處，不再爭吵且開始進食，則表示飼養成功。反之，如果在新的水族箱內一次放入太多魚隻，彼此間的平衡關係將會崩潰，領域之爭則相對地升高。

因為這個緣故，不只是生手，很多有養魚經驗的人，也常常因一次放入太多魚隻而招致失敗。一般來說，後放的魚比較容易被欺負，因此後放的魚最好選擇體型較大者，或者是非同種同族的海水魚。

●避免混養的海水魚

・吃得很少或很慢的魚（例如蝶魚，尤其是嘴巴成吸管狀者），應避免與吃得很快的海水魚（例如大型棘蝶魚）混養。

・蠹魚、石狗公、鬭刀魚等會捕食小魚，故不可與小型蝦、雀鯛或小型海水魚混養。

・黑點箱魚游得很慢，與大型魚混養時經常會被撞擊，應該避免。

・小丑砲彈的幼魚小巧可愛，但成為成魚後卻變得十分殘暴，經常會欺負其它魚隻，需特別注意。

棘蝶魚豎起背鰭以威嚇對方

魚醫生豎起銳利如刀的棘攻擊對方

B 放入水族箱的方式

魚隻買回來後，不可直接從塑膠袋取出放入水族箱內。因為，急遽的環境變化，會提高疾病的發生率。

水質和水溫的不同，會使魚隻水土不服，最壞的情況甚至會造成魚隻死亡。

有關將魚放入水族箱的作業順序，請參照以下的說明。

●放入水族箱的順序

1　先將裝有海水魚的塑膠袋放在水族箱內漂浮二十～三十分鐘（請參照圖1）。

↓

藉此讓魚慢慢適應水溫。

2　經過二十～三十分鐘後，將塑膠袋內的海水放掉三分之一，並由水族箱內取等量的海水裝進袋內，繼續任其漂浮（請參照圖2）。

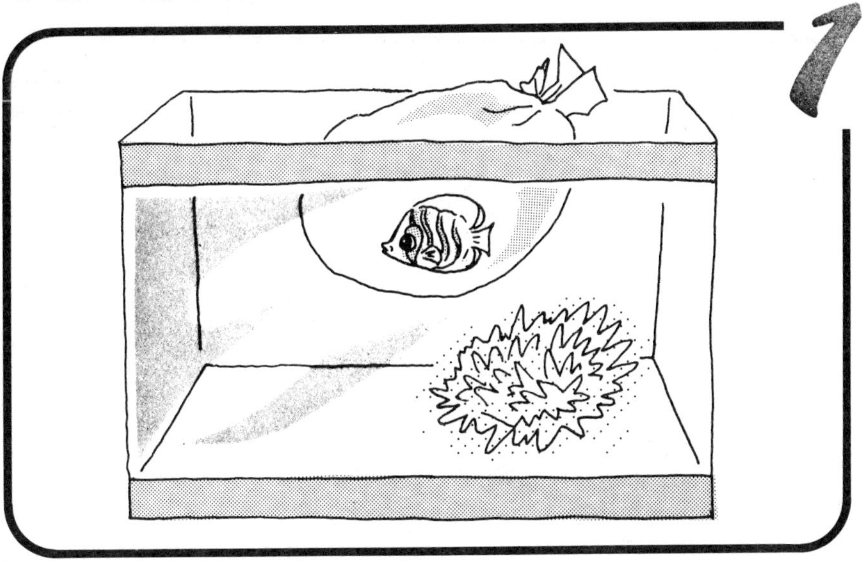
1

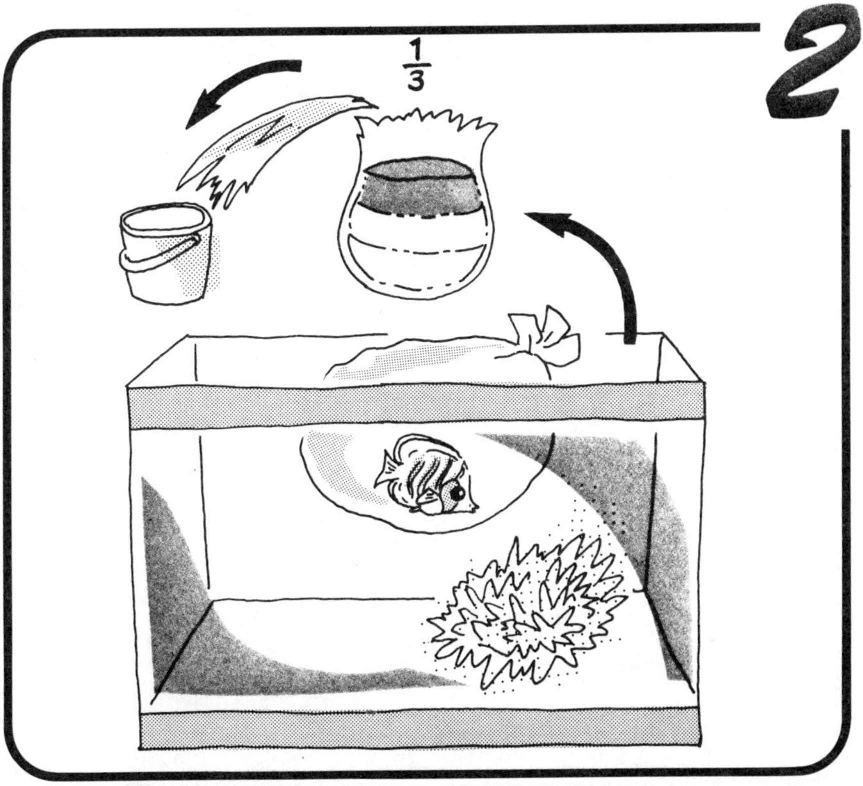
2
1/3

3

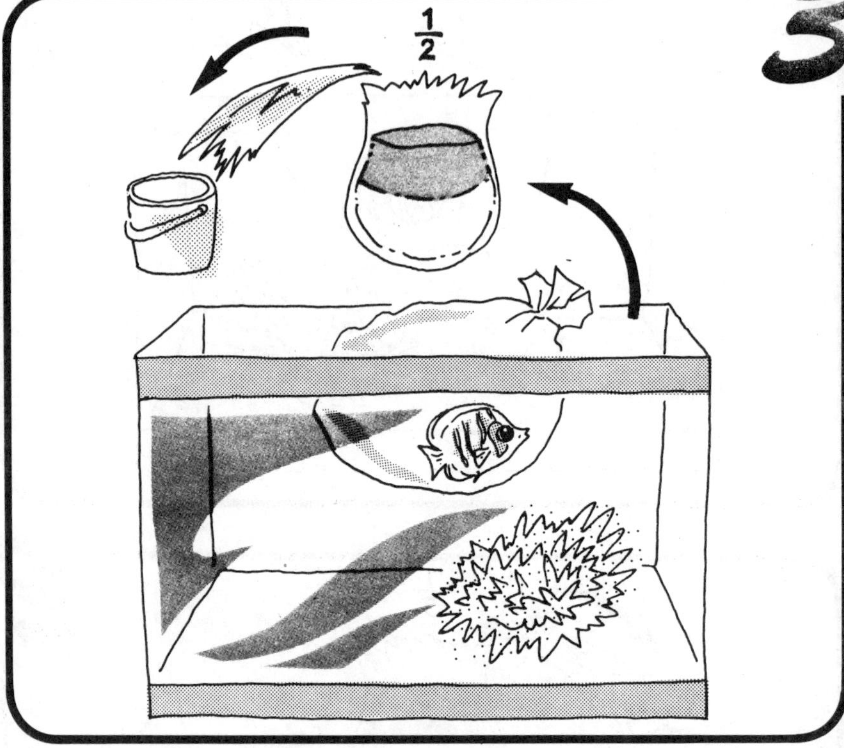

4

5

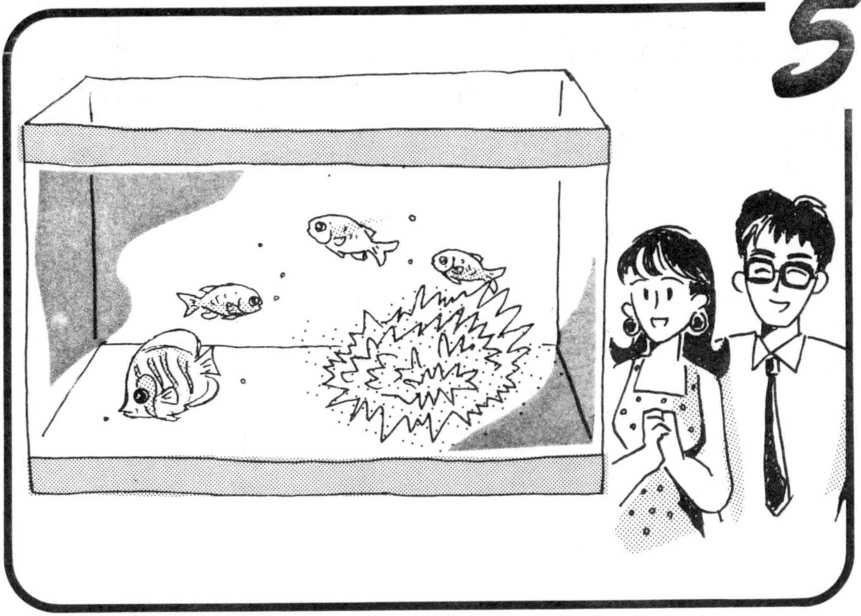

魚隻在變化環境後，發病機率最高的時期是在頭一週內。因此，在這一週內必須注意觀察魚隻的狀況。

3 大約過了十分鐘後，再度將塑膠袋內的海水放掉二分之一，並由水族箱內補入等量的海水，繼續任其漂浮（請參照圖3）。

← 藉此讓魚慢慢適應水族箱內的水質

（我們並不知道魚店裡的水質是何種情形，故最好不要直接倒入自家的水族箱內）

4 經過約十分鐘後，將魚放入水族箱內，而塑膠袋內的海水則全部倒掉（請參照圖4）。

5 把魚放進水族箱後，仔細觀察魚的活動情形。

（請參照圖5）

在剛放進水族箱的幾個小時內，魚隻因為尚未習慣水族箱內的環境，因而顯得比較緊張。

C 魚餌

●冷凍餌

種類

魚餌的種類，大致可分為生餌、冷凍餌及人工乾燥餌三種。

●生餌

生餌主要用來馴餌，應避免長時間使用。

①蛤蜊
②小魚
③魚卵
④豐年蝦

●冷凍餌

主要用於馴餌，應避免長時間使用。

⑤冷凍餌是指上述①～④經冷凍後的食餌

●人工乾燥餌

是根據海水魚所需要的營養、維他命而調配出來的人工餌。

⑥薄片狀餌
⑦小顆粒狀餌
⑧南極蝦
⑨大型魚的基本餌
⑩補充植物質的餌
⑪乾燥豐年蝦
⑫錠劑狀餌

●其它魚餌

給與草食性海水魚的餌主要是海苔。

⑬海苔

①蛤蜊

蛤蜊是馴餌用的代表性魚餌。市面上所販賣的大多已經去殼，但其中可能添加防腐劑，故最好使用帶殼的生蛤蜊。

去除內臟部分以後，可依一次餵食所需的份量分別包裝冷凍。

如此一來，只需取出一次的量解凍後即可餵食。

另外，海葵等無脊椎動物，大多嗜食蛤蜊。

②小魚

通常作為肉食性海水魚的馴餌之用。從經濟觀點來考量，一般是使用鱂魚。除此以外，也可以使用孔雀魚或新鮮白肉魚、小型雀鯛等。是鱧魚、石狗公、海葵等最喜歡的餌食。

③魚卵

以魚卵餵食時，最好使用生魚卵，而不可使用摻雜化學調味料的魚卵。

嘴巴很小的雀鯛及其它小型魚，對魚卵情有獨鍾。

要注意的是，餵食時不要忘了暫時將打水幫浦關掉幾分鐘，以免細小的魚餌跟著水流出來。

④豐年蝦（孵化使用）

豐年蝦的卵，通常都是裝在容器內販賣。

在餵食之前，必須先用孵化器具孵化。孵化後的豐年蝦卵和魚卵一樣細小，故在餵食時必須暫時關閉過濾系統的打水幫浦。突角海馬、小型蝶魚及以浮游生物為主食的魚隻等，特別喜歡吃剛孵化的小魚。

⑤冷凍餌

冷凍餌是最接近生餌、使用方便的魚餌。

冷凍餌的種類非常豐富，處理方法和生餌一樣，依一次餵食所需的量分別冷凍。

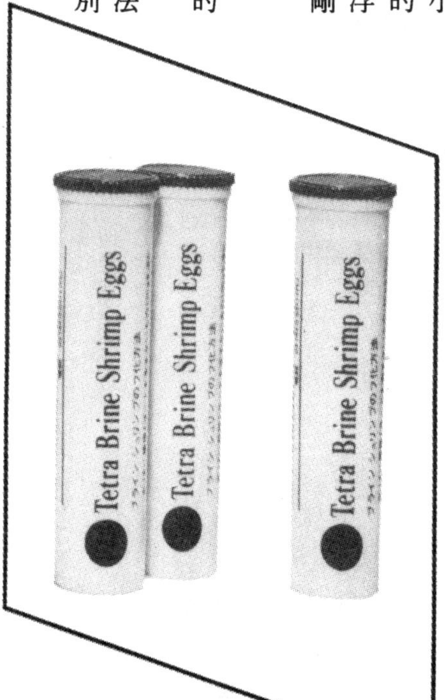

豐年蝦的魚卵是
在孵化後使用

冷凍後的豐年蝦，可以作為各種海水魚的誘餌來使用。

⑥薄片狀餌

薄片狀餌可說是海水魚最具代表性的人工乾燥餌（請參照照片右）。

有些中型或大型魚不喜歡吃薄片狀餌，故應與其它乾燥餌（⑦、⑨）一起餵食。

最具代表性的海水魚用人工乾燥餌—薄片狀餌。
但有些大型或中型魚並不喜歡這種餌，故必須與其它魚餌一起餵食。

海水魚的主要餌食為小顆粒狀餌，大部分的海水魚都很喜歡這種魚餌。

⑦小顆粒狀餌

為海水魚的主食（請參照照片左）。

某些小型棘蝶魚或蝶魚吃過一次以後，就愛上了這種小顆粒狀的魚餌。

其缺點是魚餌下沈的速度很快，往往魚還沒吃完就已經沈到水族箱底部，所以餵食的速度要放慢。

⑧南極蝦

屬於人工乾燥餌的南極蝦，可以當成馴餌使用。

其中含有豐富的蛋白質、脂質破等物質，對提升魚色頗具效果。

不過，由於脂質含量極高，一旦給得太多，反而有害健康，而且還會導致水質惡化，必須注意。

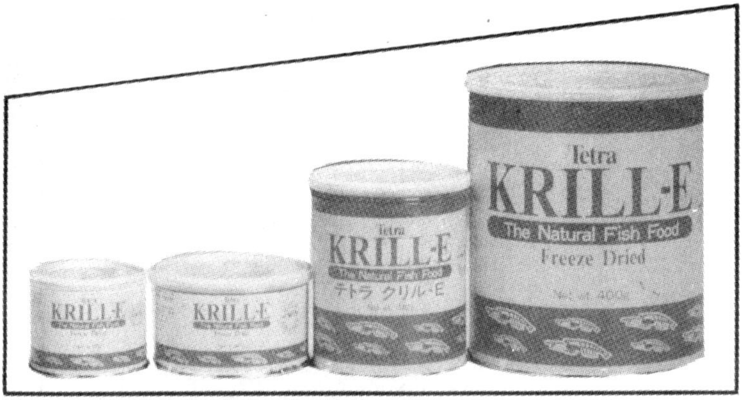

對馴餌極具效果的南極蝦

⑨大型魚的基本餌

小型魚也可以吃大型魚的基本餌，只是其顆粒太大，因此如果餵食對象為小型魚，則必須先加以搗碎。另外，在純水中浸泡幾分鐘後當馴餌使用，效果也不錯。

⑩補充植物質的餌

在這類魚餌當中，含有草食性魚類成長所必須的成分。可以作為粗皮鯛科、棘蝶魚補充植物質的輔助餌來使用。

⑪乾燥豐年蝦

乾燥後的豐年蝦可當馴餌使用。也可以當成輔助餌或蝶魚等的馴餌。一次給得太多時，殘餌會使水質惡化，必須注意（請參照照

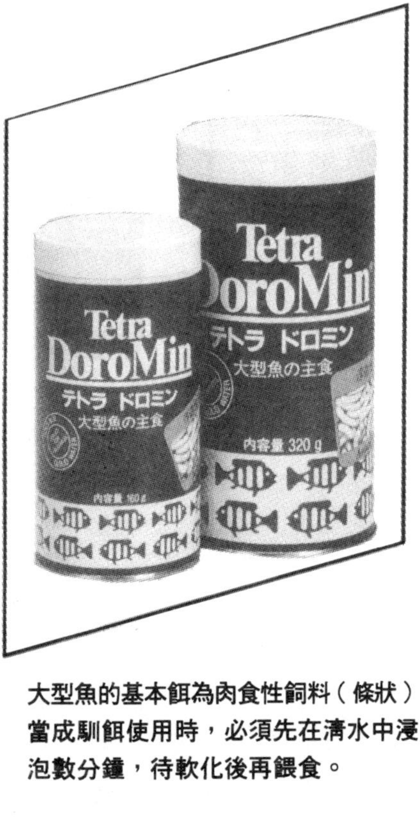

大型魚的基本餌為肉食性飼料（條狀）當成馴餌使用時，必須先在清水中浸泡數分鐘，待軟化後再餵食。

補充植物質的綠藻飼料（照片上）及對馴餌極具效果的乾燥豐年蝦（照片下）

片下）。

⑫錠劑狀餌

錠劑狀餌適合河豚及大型棘蝶魚。

因為會漂浮在水面上，故而進食速度較慢的蝶魚和其它魚類，可以好整以暇地進食。

⑬海苔

應避免使用含有化學調味料的海苔，並且先弄碎再餵食。

是粗皮鯛科和棘蝶魚都很喜歡的餌食。

馴餌

在人工乾燥餌當中，含有魚生長所必需的營養成分及維他命。如果魚隻肯吃人工乾燥餌，則其生長狀況應該會比棲息在海底時更好（亦即不容易生病、會長肉、促進生長發育等）。

●對於不吃人工乾燥餌的魚類

在海水魚當中，有些對人工乾燥餌並不感興趣。將買回來的海水魚放進水族箱後，可以先餵四～五天人工乾燥餌看看。如果魚群不肯攝食，可將蛤蜊或冷凍蝦與人工乾燥餌拌合後餵食。這時，大多數的海水魚會開始進食。之後以漸進的方式逐漸減少生餌或冷凍餌的量，轉而增加人工乾燥餌的分量。

●對於難以馴餌的魚類

最難馴餌的魚類，首推蝶魚（以珊瑚息肉為主食）。對於這種魚類，可將蛤蜊剁碎，與薄片狀餌、乾燥豐年蝦混成肉末狀。接著將肉末塗在裝飾用的珊瑚礁上，再放入水族箱內，這樣魚類就會開始進食了（請參照次頁的圖）。

●出現無法攝食的情形時

有些新買回來的海水魚，會有一段時間不見進食。究其原因，可能是環境變化及領域之爭，使得魚兒缺乏進食的心情和時間。

尤其是後養的魚，往往會遭原住魚（先養的魚隻）欺負，故而不肯進食。當這種狀況持續一個禮拜以上時，魚隻有可能死亡。這時，可以將其移到另一個水族箱，或是稍微改變水族箱內的佈置試試看。

蛤蜊的給與方式

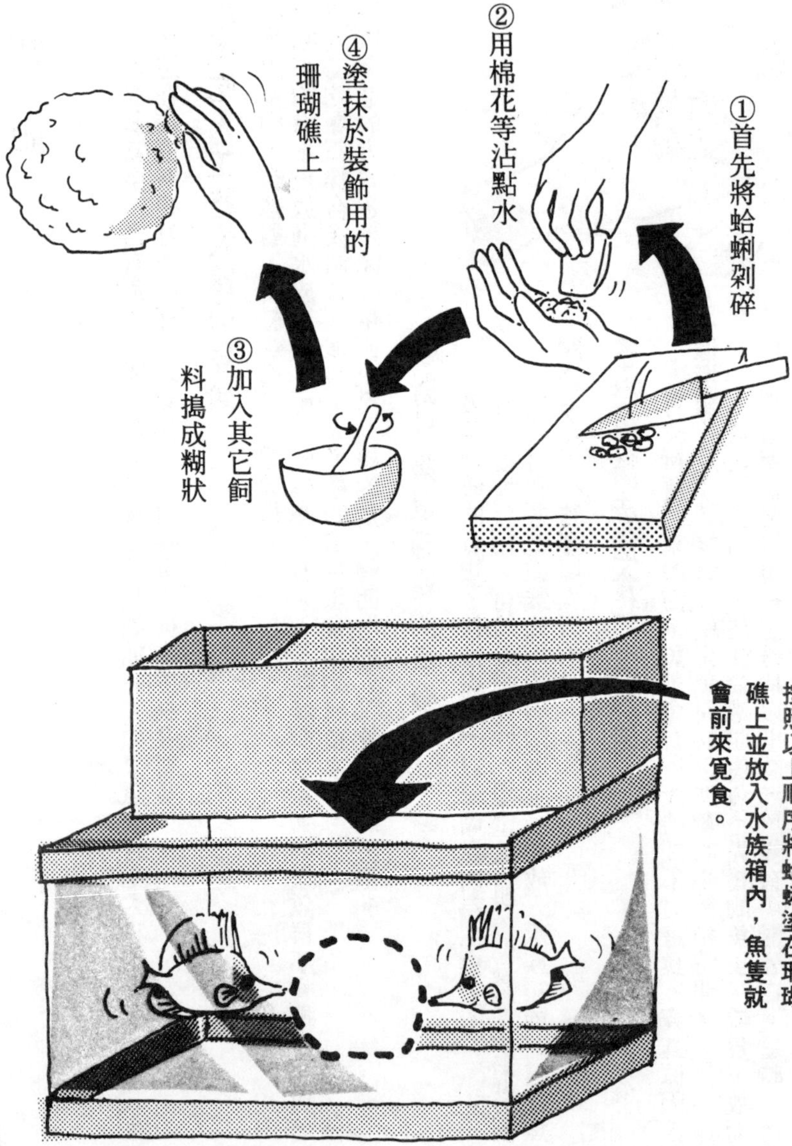
①首先將蛤蜊剁碎
②用棉花等沾點水
③加入其它飼料搗成糊狀
④塗抹於裝飾用的珊瑚礁上

按照以上順序將蛤蜊塗在珊瑚礁上並放入水族箱內，魚隻就會前來覓食。

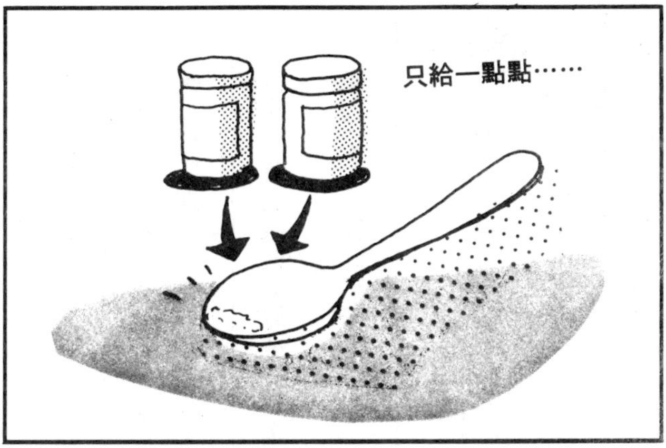

給予的基本原則，是一次不要給得太多，只要給予如圖所示的份量即可。

給食方式

●不可一次給太多

給食的基本原則，就是不要一次給太多（請參照上圖）。給得太多時，吃剩的殘餌會堵住濾材，使水質惡化。最好的做法是一天餵食二～三次，餵食時並在一旁觀察魚隻進食的情形。一般可根據魚的性質和種類，給予可在幾分鐘內吃完的量。就健康管理及提升色彩的效果而言，與其給予同一種類的餌食，不如二～三種魚餌混合給予。

●魚餌會導致水質惡化

不論是生餌或冷凍餌，魚餌本身就是導致水質惡化的原因之一。以使用新鮮的「生餌」為例，殘餌的保存期間依水溫而有所不同，但多半在三十分鐘～一個小時內就會開始腐敗。

包括蛤蜊在內，生餌是使水質惡化的主要原因，因此務必要將殘餌從水族箱內撈出來。

●排泄物也是使水質惡化的元凶之一

魚餌餵得愈多，魚就吃得愈胖，這對魚本身來說並沒有太大的壞處。問題是，餵食愈多，排泄量也相對地增加，會促使水質惡化。在水族箱系統的過濾能力不錯的前提下，為了增進魚的體力，可以多餵一點餌。

D 放入魚隻的時期判斷及水質檢驗

從水族箱組裝完畢到硝化菌完全繁殖之前的一個月內，最好不要把魚放進去。不過，這一個月內水族箱裡也不能沒有半隻魚。這時放進去的魚，即所謂的測試魚。

在第Ⅱ章「飼養海水魚的基本知識」裡曾經提到，為了加速硝化菌的繁殖，水族箱裝好後，可參考以下方式放入測試魚。一般是根據各水族箱的過濾系統，放入適量的測試魚。

> 六十公分上架式過濾系統的水族箱 ← 放入二～三公分左右的雀鯛二尾
>
> 六十公分溢流式過濾系統的水族箱 ← 放入二～三公分左右的雀鯛四尾

放入魚隻的時期判斷

當硝化菌繁殖得夠多時，可參考「海水魚的組合例」（第一〇〇～一〇三頁），逐步放入海水魚。有關放入海水魚的時期判斷，有多種方法。如果水族箱內有測試魚，在第二～三週內應密切觀察其狀況；如未發現問題，便可在第四週時放入海水魚。

不過，生手往往無法分辨何種狀況是適合的時期。這時，可以利用「亞硝酸鹽測試液」作為判斷依據。

●亞硝酸鹽測試液的使用

①可在水族箱組裝完畢第三週後，進行亞硝酸鹽值的測試。

如果每一ℓ的亞硝酸鹽含有量在○・○五～○・一mg以下，即表示一切正常。這時，可以放入測試魚以外的其它海水魚。反之，如果一ℓ的含量超過○・二mg，則必須將二分之一的水換掉。

②經過二週以後，再做一次測試。

如果一ℓ海水的亞硝酸鹽含有量在○・○五mg以下，就表示硝化菌繁殖的量已經足夠，這時可以放入測試魚以外的其它海水魚。

＊如果在第②項中，亞硝酸鹽的值仍然超過○・三，則必須先進行以下的檢驗，然後再展開③以下的作業。

●檢驗項目

・是否餵食過多。
・測試魚的數量是否過多。
・打水幫浦是否正常運轉。
・空氣循環是否正常。
・測試液的計量方式是否正確。
・是否已經放入濾材。
・組裝水族箱時，作為濾材的珊瑚砂及裝飾用的珊瑚礁，是否已經徹底清洗過。

③以上的檢驗項目經過改善後，再將三分之二的水換掉。

④換水後隔二個禮拜再度進行亞硝酸鹽測試。只要過濾系統沒有問題，水質應該會有所改善。

水質檢驗

在市面上可以買到各種檢驗水質的測試液，不過一般只要有「PH測量液」及「亞硝酸鹽測量液」就足夠了（有關水質檢驗的順序，請參照次頁的圖）。

●PH測量液

海水呈弱鹼性，PH值在七・八～八・四之間。

海水放久之後，PH值會逐漸轉為酸性。不過，藉由作為濾材的珊瑚砂及良質人工海水的開發，只要定期換水，就不會有類似的困擾。另外，自來水的PH值，往往因所屬地區及周邊環境而有所不同，因此有時也必須對自來水的PH值進行測試。

●亞硝酸鹽測量液

亞硝酸鹽會因硝化菌的作用而氧化。通常，一ℓ海水的含有量應控制在〇・一㎎以下。如果超過這個值的狀態長久持續下去，對亞硝酸鹽相當敏感的魚隻，狀況將會變差，甚至全部死亡。

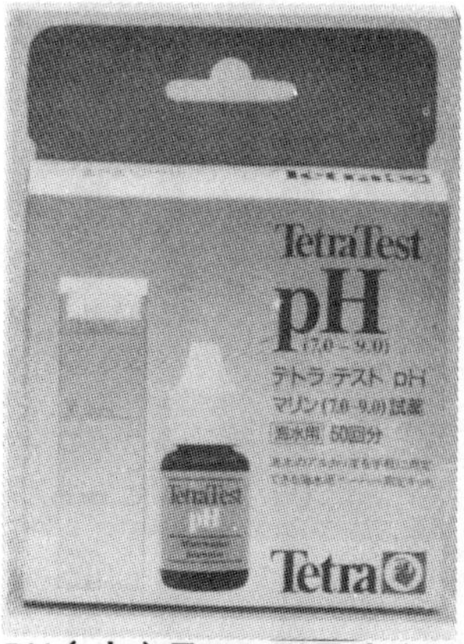

PH（上）及NO_2測量液（下）

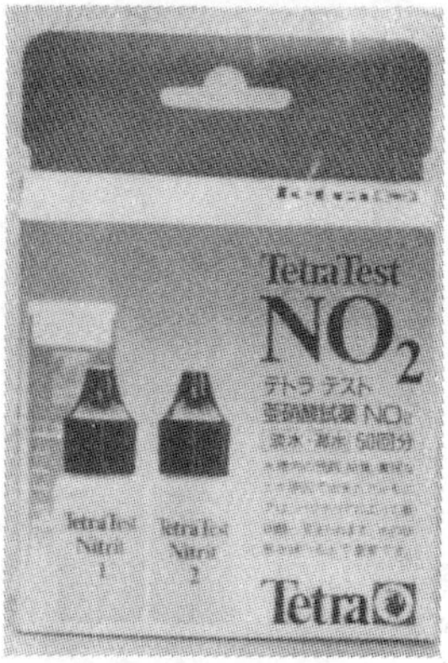

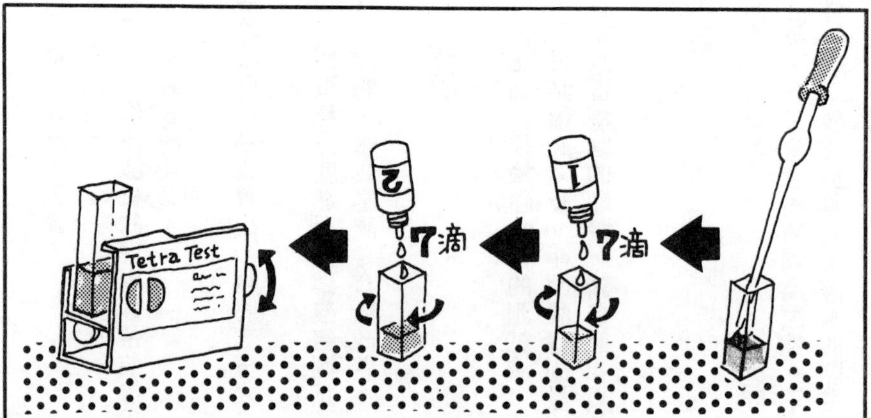

●水質調整劑

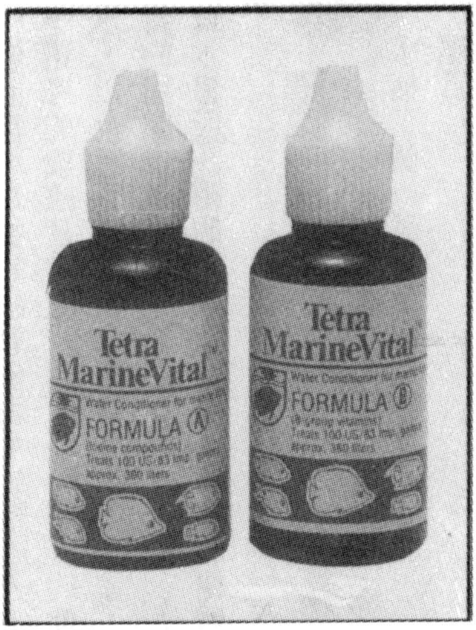

調整水質用的穩定劑（左）
與海魚維他命（右）

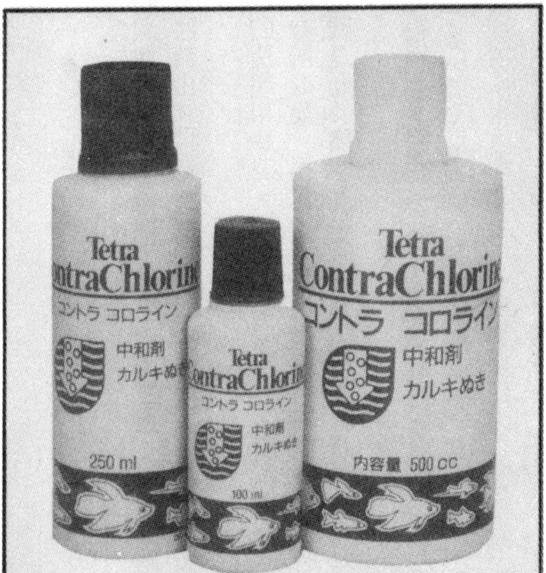

除氯劑

E 換水

換水的時期與量

對海水魚有害的阿摩尼亞和亞硝酸鹽，可以透過生物過濾的方式，轉換為無害的硝酸鹽。但如果硝酸鹽大量蓄積，最後還是會對海水魚產生不良影響，硝酸鹽無法藉由物理過濾加以去除，除了換水以外別無他法。

問題是，換水的時期與量究竟以什麼為標準呢？

一般而言，水質的狀態會因水族箱的大小、過濾系統的種類和狀況、硝化菌繁殖情形、所飼養海水魚的數量（正確的說法是密度）及所給與餌食的種類和分量而有所改變。換言之，我們很難正確判斷什麼時候應該換水，以及應該換多少水。對海水魚而言，最好的方法就是勤於換水。但考慮到經濟及時間因素，只要達到適當的程度也就足夠了。

以本書所介紹的水族箱系統及海水魚組合為例，平均約每三～四週就要換一次水，每次換掉約二分之一。

應該準備的東西

- 水桶二個（最好選擇有容量刻度的）
- 風管
- 水溫計
- 比重計
- 水質調整劑
- 人工海水
- 攪拌棒

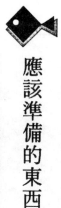

換水的準備

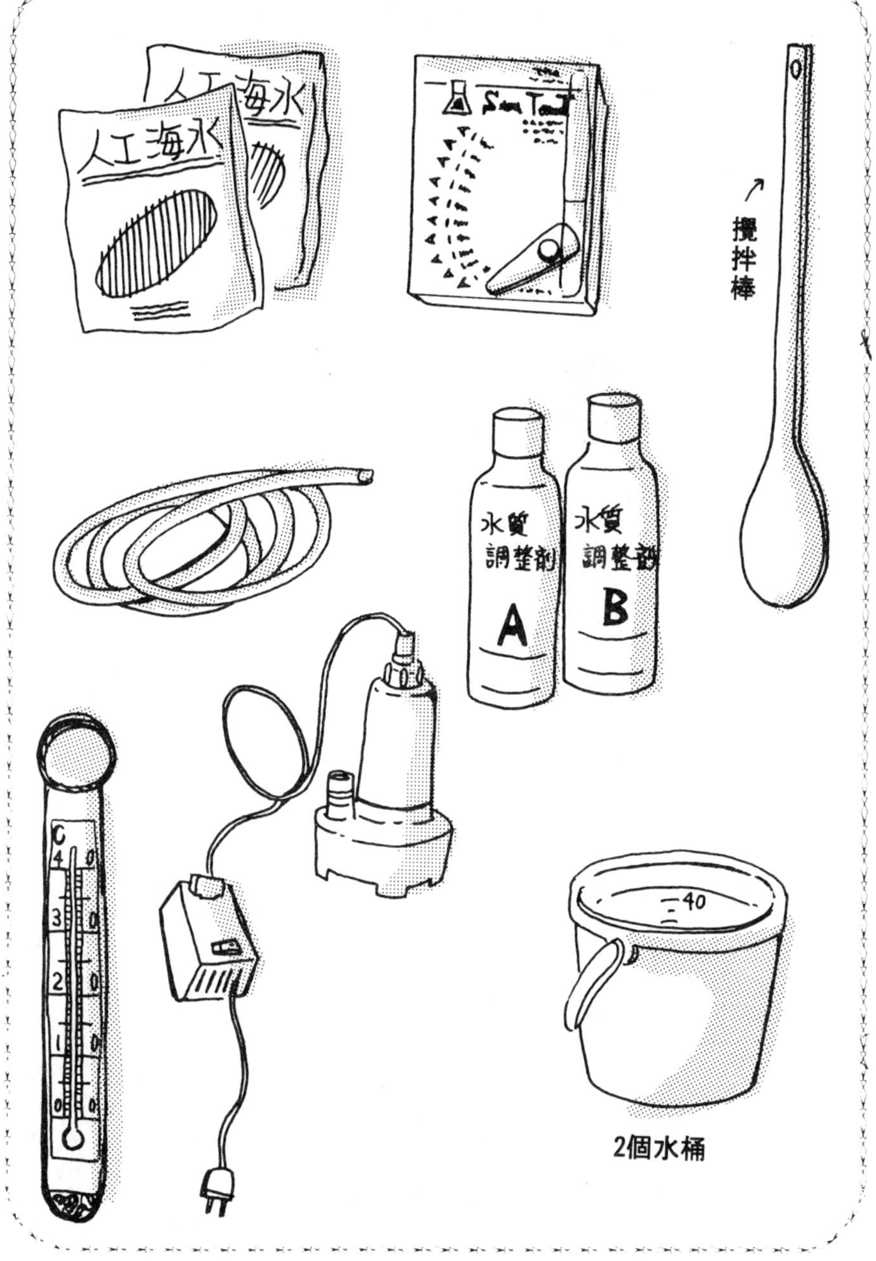

人工海水的製造方法

1 將相當於換水量的人工海水倒入水桶內。

為了便於調整濃度，一開始時人工海水可以少放一點。

2 加入適量的各種水質調整劑。

接著慢慢加入溫度適中（約二五℃上下）的純水。

3 利用攪拌棒慢慢攪拌，使人工海水與純水自然融合。

4 在不再有氣泡產生及水完全融合之後，使用比重計測定其濃度。

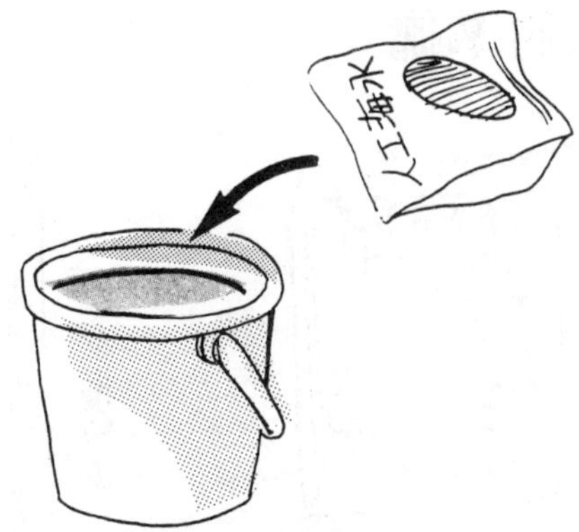

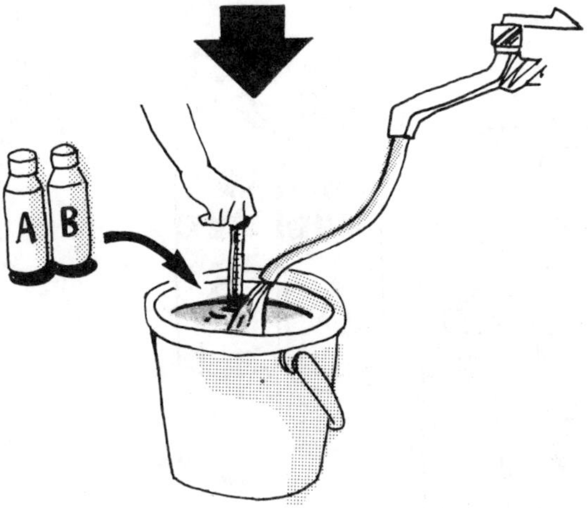

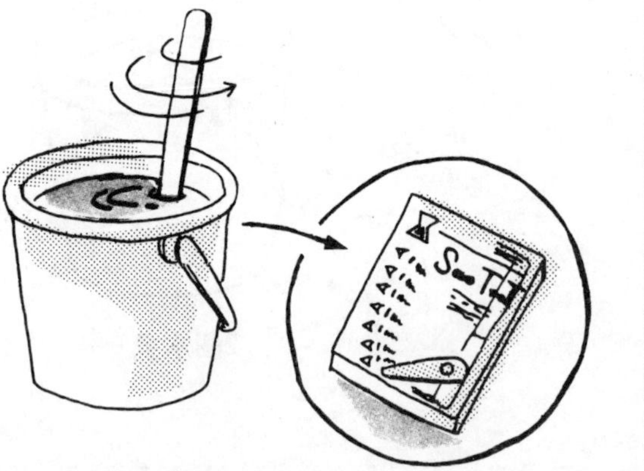

換水的順序

1 首先將電源全部切斷，包括打水幫浦（過濾馬達）、加熱器、冷卻器、照明器具及其它。

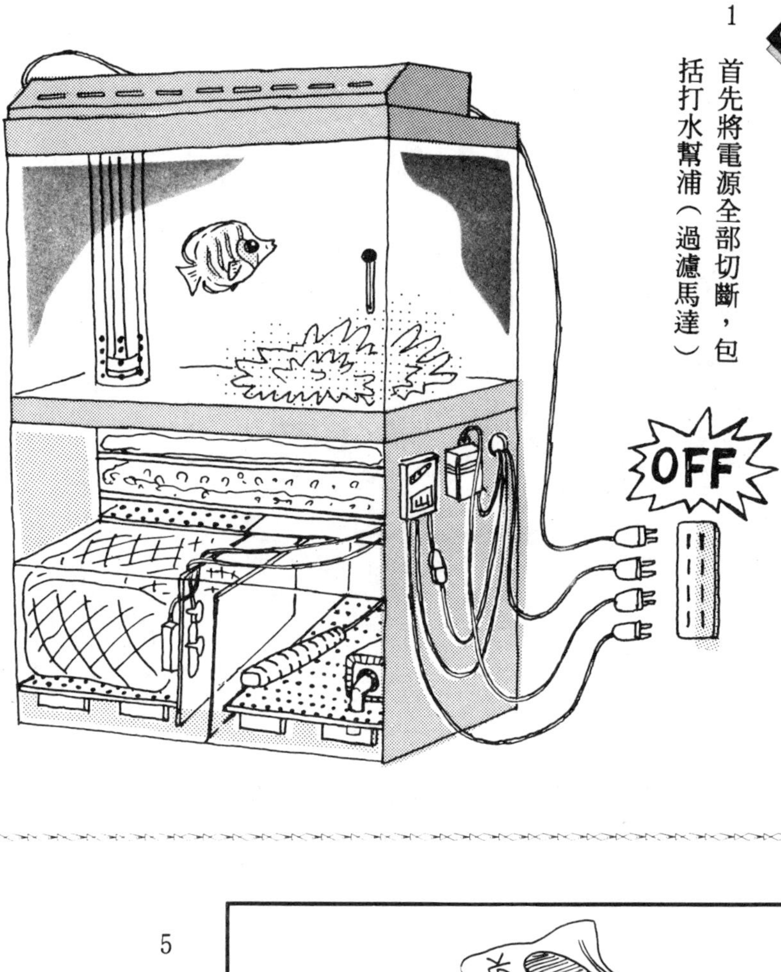

5 將人工海水的濃度調整在一〇・〇一九附近。
有關調整的方法，請參照前頁三、四、五的作業。

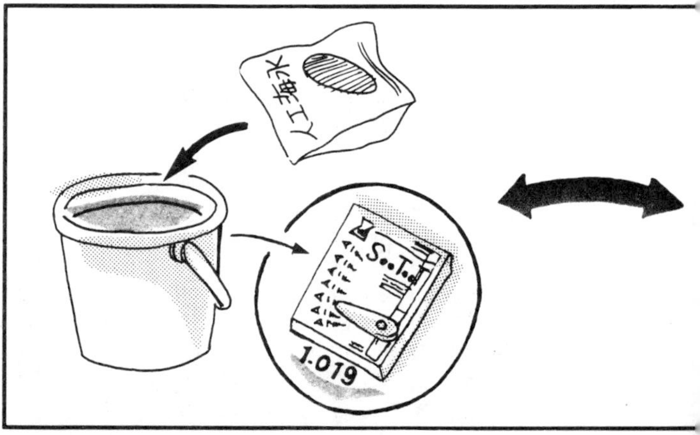

利用風管將沈澱在水族箱底部的雜質清除，
同時進行換水。

2

將欲換掉的海水吸出。在利用風管吸取海水的同時，也要一併將沈澱在水族箱底部的髒東西吸出來。如果每次都換等量的海水，可以在水族箱做上記號，這樣下次換水時，就可以根據記號抽出該換的水。

如果用的是底部式過濾系統，或者水族箱底部鋪有珊瑚砂，則應該使用虹吸管，同時還要注意浮上來的髒東西，儘量將其一併清除。

3

利用打水幫浦將新製成的海水引進水族箱內。

當打水幫浦的力道過強或速度太快時，會驚擾到魚隻，作業時需特別注意。

可在水族箱外劃上記號作為換水的指標

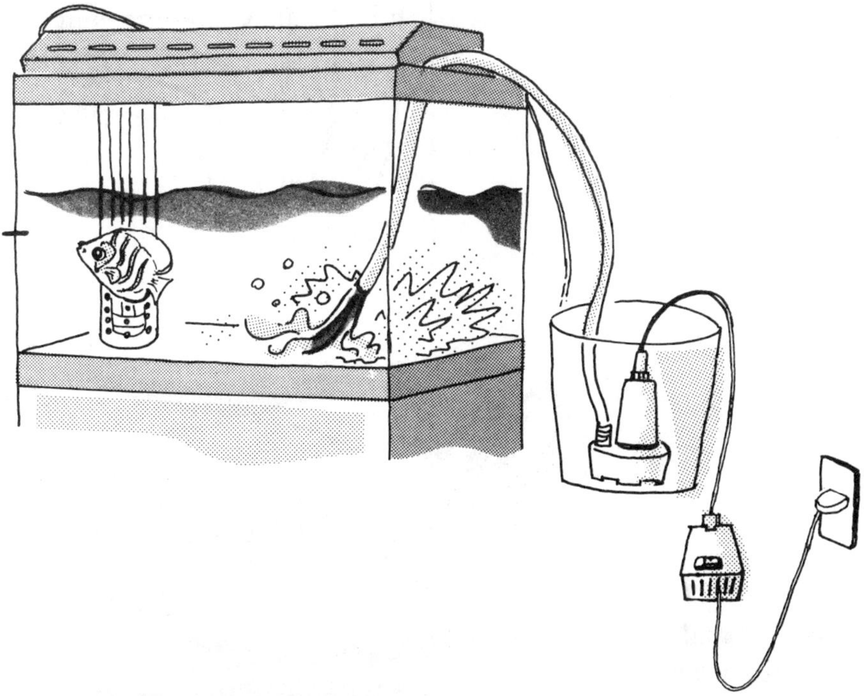

利用打水幫浦將新製成的海水移到水族箱內

4 將電源全部打開，觀察各個器具的運作及魚隻的活動是否正常。

5 將使用過的器具清洗乾淨。

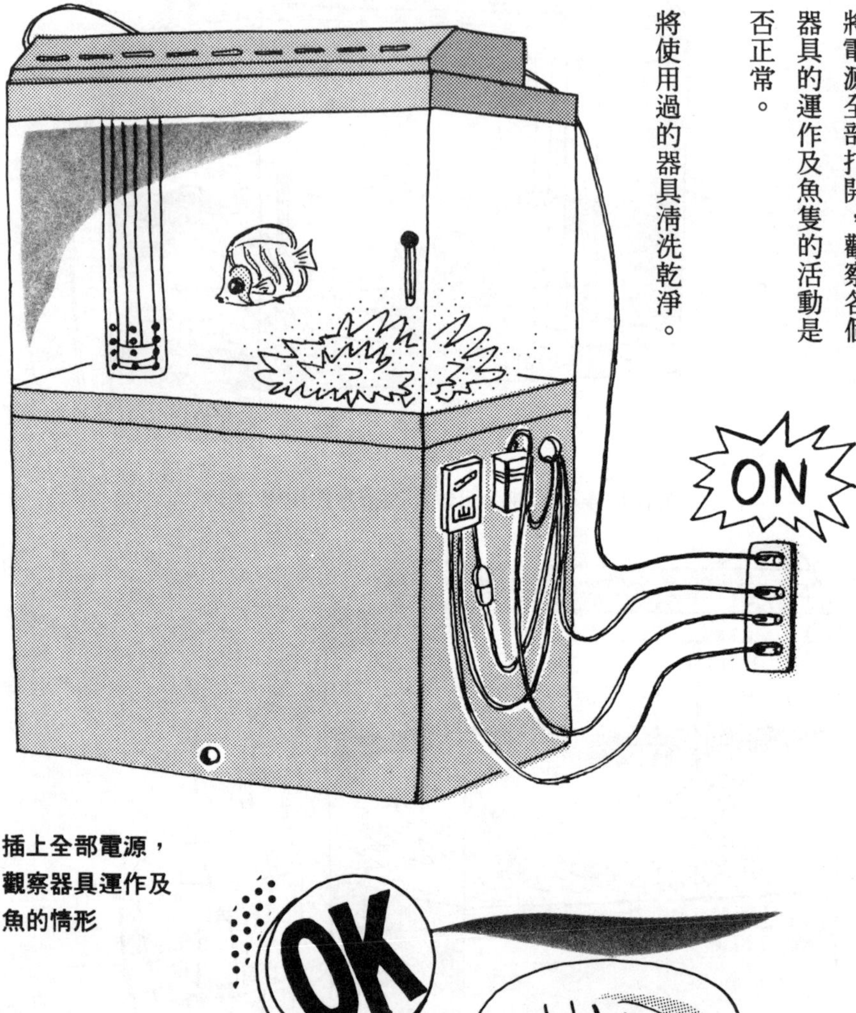

插上全部電源，觀察器具運作及魚的情形

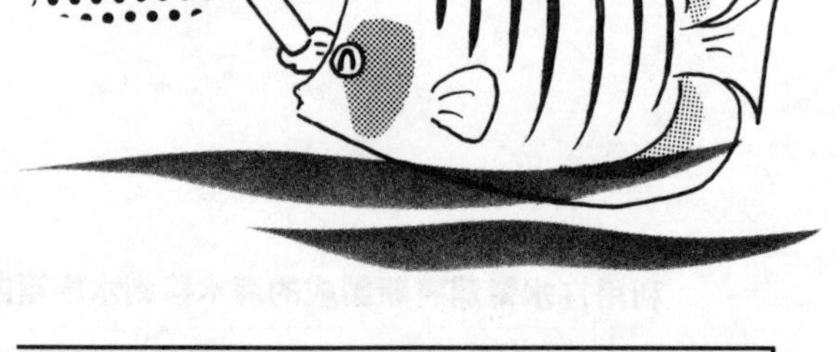

如果一切都沒問題，就表示換水作業已經完成

F 定期保養

清理濾材

上架式過濾系統一年至少要清理一次，溢流式過濾系統則每二年清理一次。

清理順序

1、在水桶內製造約二〇ℓ的新海水。

2、將水族箱系統的電源全部切斷，並將水族箱內的水倒出約二〇ℓ，放在另一個水桶裡。

3、按照換水的要領，將相當於減少部分的新海水放入水族箱內。

4、取出裝有珊瑚砂的網袋，放進先前由水族箱內取出的海水中上下搖晃，藉此清除污垢。

5、將清理過的濾材放回水族箱內，經過十分鐘後再將電源全部接上。

切記，這是濾材千萬不可用純水（自來水）清洗，否則會將已經繁殖的硝化菌殺死。為了避免這種情形，只要將珊瑚砂放在從水族箱內取出的水裡上下搖晃一番就足夠了。

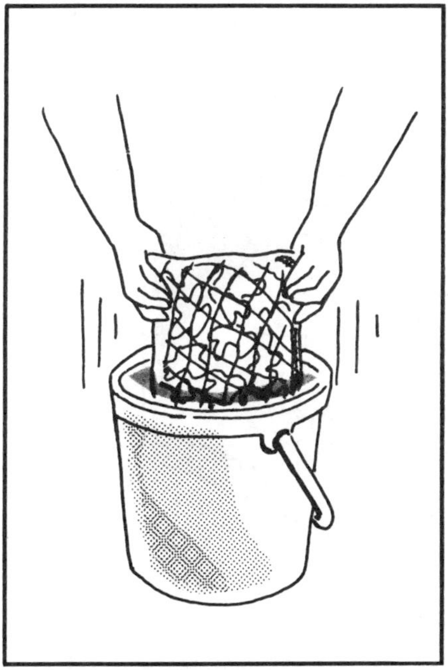

將裝有珊瑚砂的網袋取出，放在裝有養殖水的水桶中，上下搖晃加以清洗。

清除青苔

青苔的發生狀況會因照明強弱而改變，平均一週應該清理一次。

清除青苔最簡單的方法，就是如下圖所示，利用磁帶加以清除，通常只要幾分鐘就夠了。

可能的話，最好一個禮拜花幾分鐘加以清掃，以免青苔愈積愈厚，清理起來反而費時費力。

●青苔發生時的對策

為了防止青苔產生，可以養幾條以青苔等，藻類爲主食的藻食性海水魚（如蛙魚）或貝類。

另外，使用殺菌燈（請參照第Ⅵ章）也能有效地解決青苔的問題。

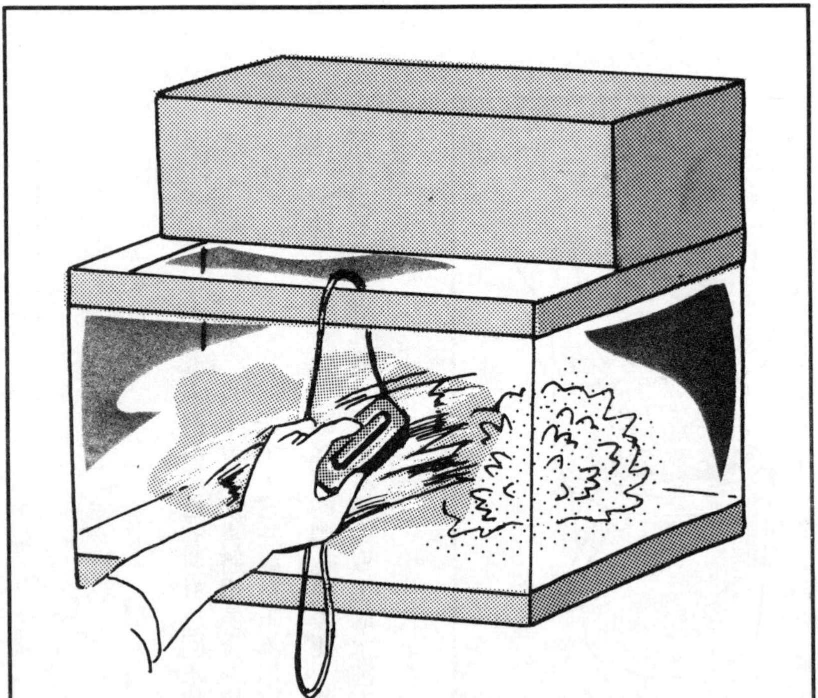

利用磁力式青苔清理器具，原本麻煩的
清理工作可在數分鐘內完成。

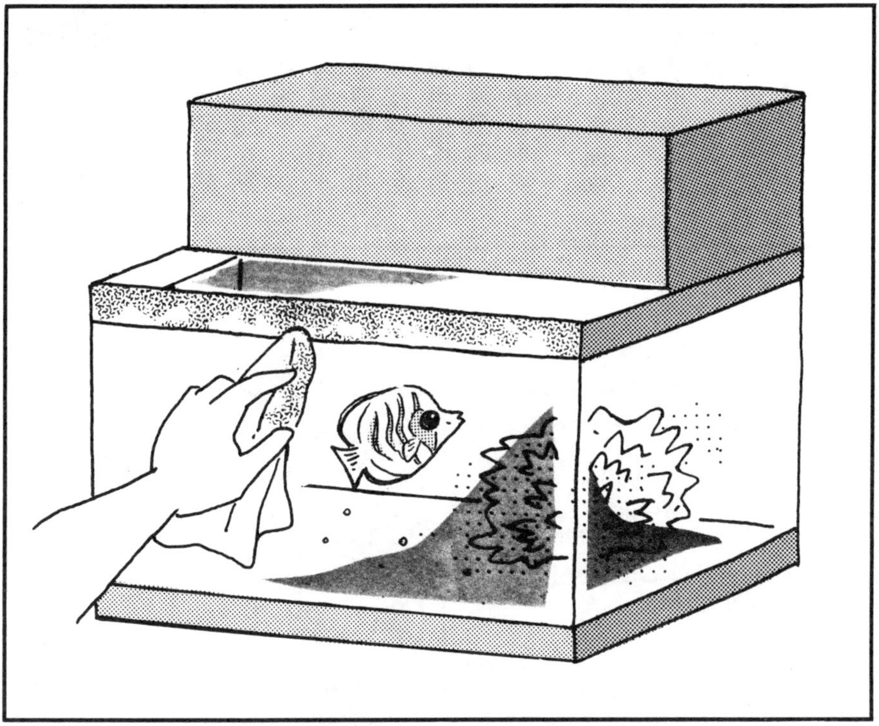

結晶鹽內可能含有對海水魚有害的物質，除了儘早清除外，在用濕毛巾擦拭時，注意不可讓結晶鹽倒進水族箱內。

結晶鹽

海水水族箱在經過數個月的使用之後，上部及過濾槽會出現呈結晶狀態的鹽巴，稱之為「結晶鹽」。

結晶鹽中可能含有對海水魚有害的物質，清掃時要特別注意，不要讓它掉進水族箱內。

●結晶鹽所引起的弊害

結晶鹽產生後如果放任不管，最後會掉進水族箱內，或者粘附在打水幫浦及其它器具上，結果不但對魚有害，還會縮短器具的使用年限，因此要儘量加以清除。

結晶鹽剛形成時，只要用濕抹布輕輕一擦就可以去除了。

加水

水族箱內的水會因蒸發而減少，故必須定期加入純水。

特別是在水族箱上部沒有加蓋，以及為了冷卻而使用電風扇或小型風扇的情況下，更需要常常加水。

為了掌握水分蒸發的情形，平常就應該確認水族箱內的水量，一發現減少就要立即補足。

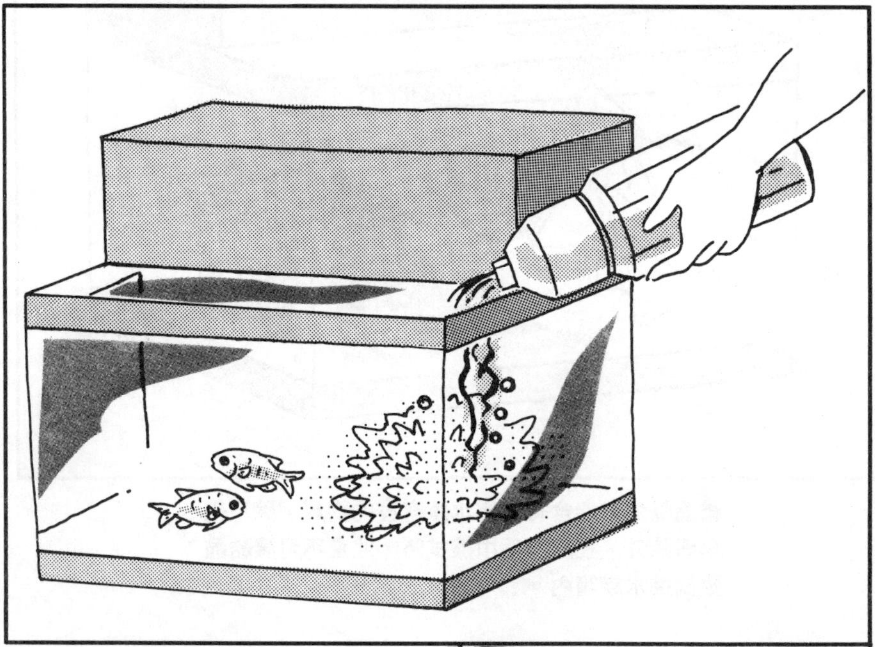

可利用小水瓶添水

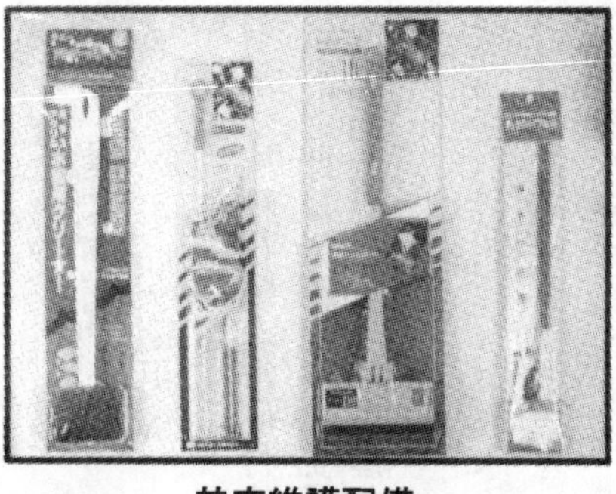

其它維護配備

使用電風扇時，必須經常加水

VI　設備升級

A 冷卻系統

立式冷卻器

與保溫用的加熱器相比，冷卻器的價格並不便宜，但因對夏天時抑制水溫上升頗具效果，故而有加裝的必要。

同時加裝加熱器與冷卻器時

一台恆溫器，可以同時控制加熱器與冷卻器。

當水溫降到設定的溫度以下時，加熱器就會自動打開；反之，一旦水溫超過設定的溫度，則冷卻器的開關就會啟動。

由此可見，使用可以同時控制加熱器與冷卻器的恆溫器較為方便。

二種冷卻器及其安裝方式

	利用管線或風管，將海水引入冷卻器主機內的冷卻方式（立式）	將線圈狀冷卻部分直接放入水族箱內的冷卻方式（投入式）
	藉由打水幫浦，強制性將海水引進主機內，然後循環冷卻。	將線圈狀冷卻部分放入水族箱或過濾槽內加以冷卻。
上部式過濾系統	利用密閉式過濾系統的打水幫浦與冷卻器銜接，或者另外準備一個打水幫浦，將海水引進立式冷卻器（參照右頁照片）使其不斷循環。	將冷卻器的主機裝在水族箱旁邊，由於線圈狀的冷卻部分必須放入水族箱內，故照明設備必須移動。
溢過式過濾系統	如果是使用過濾系統用的打水幫浦，安裝極為簡單。	水族箱上部是開放的，故安裝十分方便。 另外，如要裝在過濾槽內，冷卻器的主機可收納在放置台裡面。

B 殺菌燈（UV燈）

殺菌燈的原理，是利用紫外線（UV）的殺菌效果，將存在於海水中的雜菌（包括病原菌在內）去除。（有關溢流式系統請參照第一三九頁，上架式過濾系統則參照第一四〇頁的圖）雖然目前市面上所販賣的人工海水品質相當好，不太可能含有雜菌，但一旦有生物進入其中，還是可能會產生雜菌。為了防止魚隻因為雜菌而生病，必須使用殺菌燈（次頁上圖為圓形殺菌燈）。

再者，使用殺菌燈的水族箱，水的透明度較高。

使用殺菌燈的注意事項

●海水必須保持乾淨

當海水汙濁不堪或發黃時，殺菌燈便無法充分發揮效果。為了保持乾淨，使用殺菌燈時，海水仍然必須進行物理過濾和生物過濾。

●殺菌燈的效果

通過殺菌燈的海水，速度愈慢殺菌效果愈好。以十瓦的殺菌燈為例，海水通過的速度應保持在每分鐘十ℓ以下。

如果是十五瓦的殺菌燈，則：
→每分鐘不得超過十五ℓ
如果是三十瓦的殺菌燈，則
→每分鐘不得超過三十ℓ

●殺菌燈球的壽命極短

平均每四〇〇〇～四五〇〇個小時（五～六個月），就必須更換。

●海水溫度愈高殺菌效果愈好

水溫愈高，殺菌效果愈好。是以在使用冷卻器的情況下，最好先經過殺菌燈再到冷卻器。

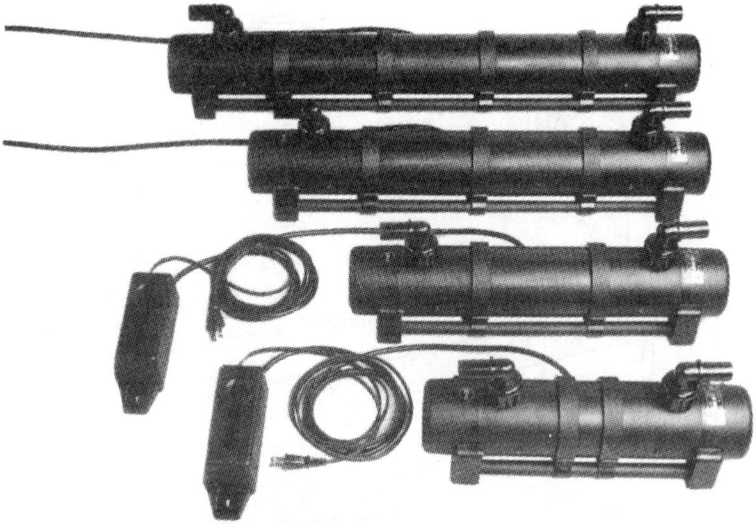

圓型殺菌燈

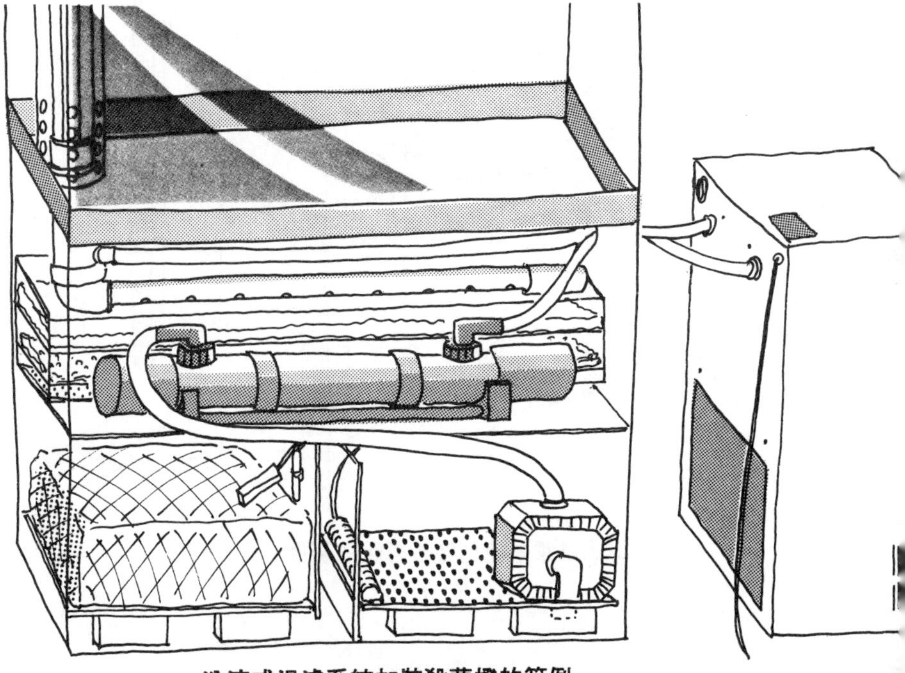

溢流式過濾系統加裝殺菌燈的範例

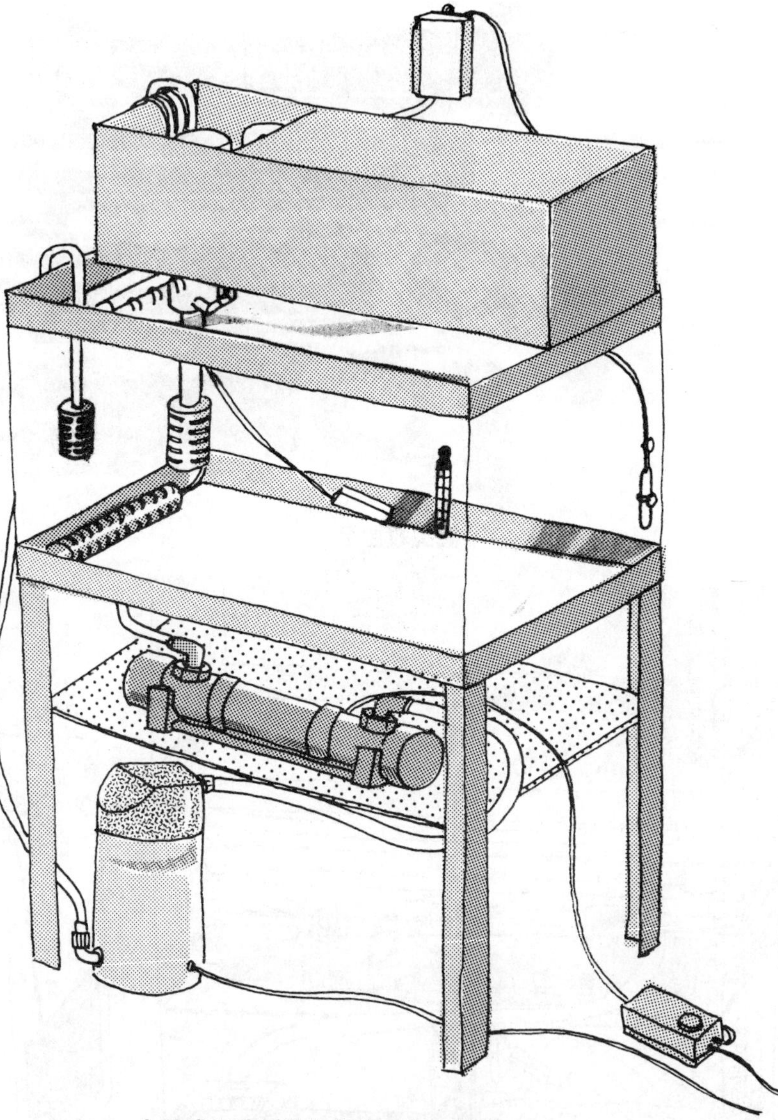

上部式過濾系統加裝殺菌燈的範例

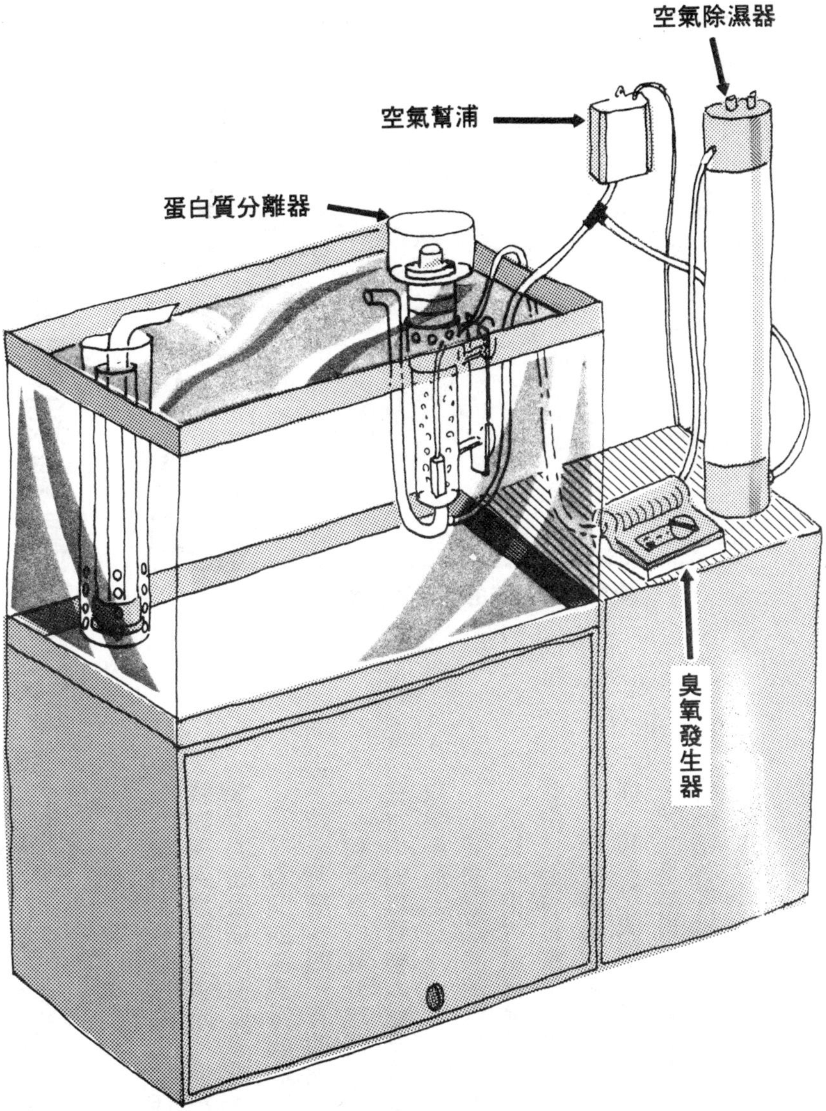

溢流式過濾系統加裝範例

C 蛋白質分離器與臭氧發生器

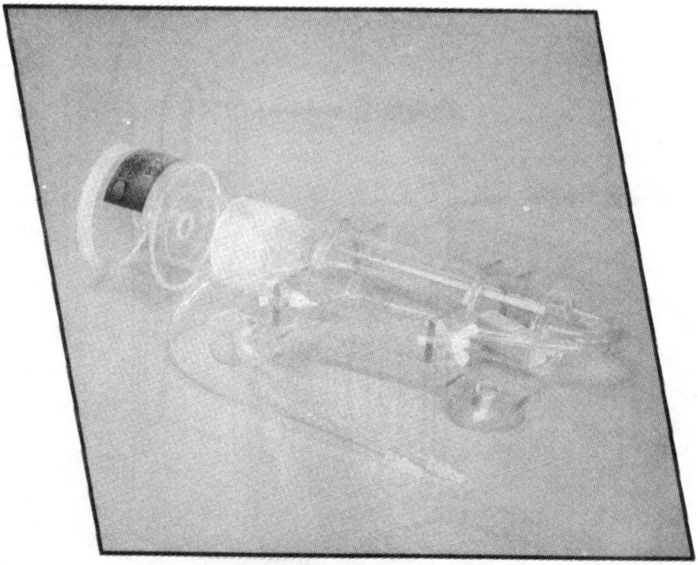

使用空氣幫浦的蛋白質分離器
（PS—3）

蛋白質分離器

蛋白質分離器的主要作用，是將物理過濾無法去除，仍然殘留在水中的細微細菌加以清掃。（有關溢流式系統的安裝方法，請參照第一四一頁的圖）

利用蛋白質分離器，可將漂浮在水中的雜質納入雜塵收容器中，效果顯而易見。

其構造是讓海水在本體中循環，然後釋出大量空氣並產生氣泡，藉由氣泡將雜塵壓下來。

至於讓海水循環的方法則有二種，其一是使用空氣幫浦（見上圖），其二是使用打水幫浦強制使水循環（見次頁的圖）。

●蛋白質分離器的使用要點

蛋白質分離器又稱臭氧融合器，可使臭氧溶解於海水中。與單獨使用蛋白質分離器相比，同時使用蛋白質分離器與臭氧發生器的效果較佳。尤其是使用空氣循環的小型機種，如果不與臭氧發生器合併使用，則效果相當有限。這時，由空氣吹出口會像木石一樣吹出很細的氣泡。細氣泡吹出後，必須立刻和木石所吹出的氣泡交換，否則就不具效果。

使用打水幫浦的
蛋白質分離器（PSL—5）

臭氧發生器

臭氧發生器如左圖所示。

臭氧具有殺菌能力及有機物分解能力，可將海水變為無菌狀態，藉此預防疾病的發生。

另外，由於具有分解有機物的能力，因此與蛋白質分離器合併使用時，會產生相輔相承的效果，將由臭氧發生器所分解出來的細微細菌，透過蛋白質分離器加以去除。

●臭氧發生器的使用要點

臭氧發生器在濕氣較重的情況下無法發揮功能，故必須與空氣除濕器一起使用。

填裝在空氣除濕器（參照左圖下）裡的，是硅膠等能夠去除濕氣的乾燥劑。臭氧發生器內部的臭氧管，必須定期清理。如果無法清理，則必須定期更換。

總之，蛋白質分離器與臭氧發生器併用時，可以提升效果。

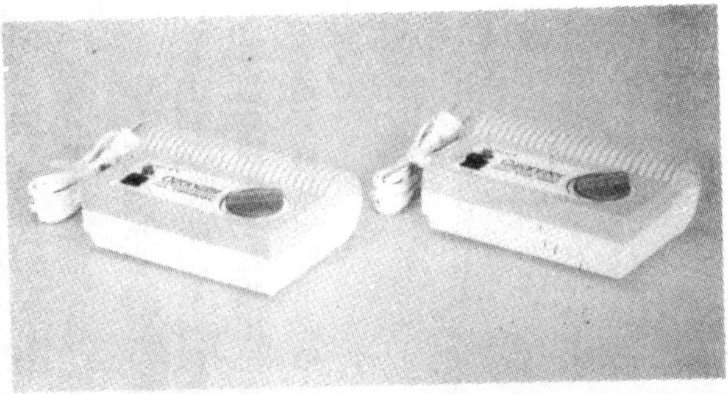

臭氧發生器（YGR—203N、103N）

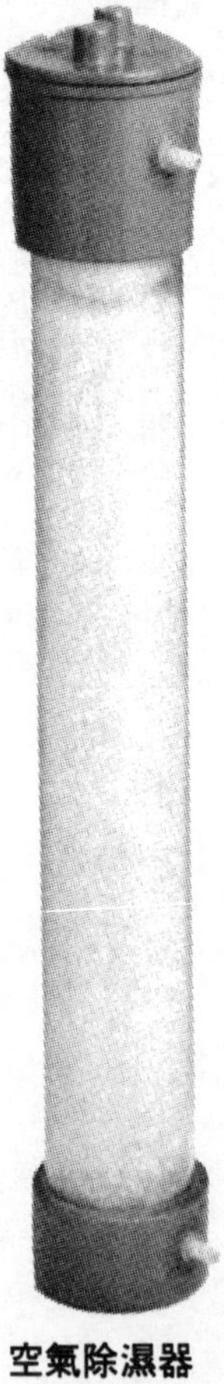

空氣除濕器

VII 飼養海水魚的注意事項

A 使用器具時的注意事項

一定要使用海水魚專用的打水幫浦

→ 57頁

淡水魚所用的打水幫浦容易生銹，最好不要使用。

打水幫浦與水族箱的大小（總水量）之間有密切關係

→ 57頁

一旦水族箱系統與幫浦的流量不合，便無法有效地進行生物過濾。

冷卻器的容量必須配合水族箱的大小（總水量）

→ 71頁

水族箱很大（總水量大）而冷卻器的容量過小時，要達到設定的水溫需要花較長的時間。

在海水魚的飼養上，儘量減少水溫的變化，非常重要。

採用上架式過濾系統時，應選擇海水魚專用的大型過濾槽

→ 57頁

市面上所販賣的既成品，大多是供淡水魚使用的。

以此來飼養海水魚時，過濾能力往往不足，因此會引發種種問題。

不可使用食鹽來調配飼養用的海水

→ 78頁

家中所用的食鹽，成分和用來飼養海水魚的人工海水並不相同。

B 設置水族箱時的注意事項

水族箱應放在堅固的枱面上

→ 40頁

一個60cm的水族箱組裝完畢後，總重量約為80kg。如果將其放在不夠堅固的枱面上，例如五斗櫃或抽屜，則抽屜可能會無法打開。
為避免水族箱因為枱面不穩而掉落地面摔破，最好、最安全的做法，就是放在水族箱專用的枱面上。

水族箱放置的枱面若是不穩，則會造成抽屜打不開等各種狀況

作為濾材的新珊瑚砂和裝飾用的珊瑚，必須先清洗乾淨再使用

如果未加清洗就使用，將會導致水質惡化。此外，海水的透明度也會變差。

- 清洗濾材的要領和洗米一樣。
- 有孔洞的裝飾用珊瑚礁，一個月必須在純水裡浸泡一次，其間則換水二～三次。至於沒有孔洞的裝飾用珊瑚礁，則每隔三天就必須取出放在純水裡浸泡一番。

加熱器的插頭務必要接在恆溫器上

加熱器會持續加熱，因此絕對不能直接插在一般的插座上。

加熱器的插頭必須跟恆溫器連接，
而加熱器使用時必須加蓋

加熱器一定要在水中運轉

在空氣中運動會導致破損。

加熱器一定要放在加熱盒內

→ 70頁

- 加熱器本身有熱度，如果不放在加熱盒內，魚隻可能會被燙傷。
- 水族箱與過濾槽的材質不同，有些根本無法承受太熱的加熱器。

加熱器的加熱程度不可超過恆溫器的容許範圍

→ 72頁

超出容許範圍是造成故障的主要原因。

加熱器與恆溫器的掃瞄器最好分開安裝

如此才能感應並維持水族箱內平均的水溫。

空氣幫浦必須注意安裝位置

空氣幫浦安裝的位置高於水位或未加裝逆流防止閥時，一旦停電或空氣幫浦發生故障，就會導致海水逆流，成為器具破損及引發事故的原因。

如在水族箱上方加裝觀賞用照明設備，則水族箱上方最好加蓋

如此可以防止海水濺起而使照明器具受損。

注意因鹽分而造成的漏電

→ 133頁

加熱器與恆溫器的接頭部分或其它插頭，凡是與海水接觸的部分，最好塗上乙烯樹脂，以免電線受鹽份侵蝕而漏電。

放在水族箱內的裝飾品也要注意材質

因為是和魚放在同一個水族箱內，所以最好選擇不容易腐蝕或褪色的材質。

（注意不可放入鐵製品或塗有水溶性油漆的東西）

C　飼養方法的注意事項

選擇魚隻時的注意事項

選擇健康良好的魚

→　104頁

預防疾病是很重要的。
選擇健康狀況良好的魚隻，有助於預防疾病的發生。

選擇已經馴餌過的魚

生手最好選擇已經馴餌過，可以覓食的魚，如此可以減少很多馴餌方面的困擾。

魚隻的數量、大小必須配合水族箱的大小（總水量）及過濾能力

→　100頁

再好的淨化裝置，對於維持適合飼養海水魚的水質，仍然有其極限。

因此，除了配合過濾系統以外，也可以參考「海水魚組合例」來選擇海水魚的數量及大小。

挑選海水魚時必須特別注意組合問題

→　105頁

擁有最好的水族箱系統，並不表示你可以任意選擇自己喜歡的海水魚在同一個水族箱內飼養。

選擇魚隻時，必須考慮到領域意識、弱肉強食、是否容易打架、會不會被吃掉等因素。

因此，在飼養海水魚時，必須特別注意組合問題。

剛買回的海水魚不可直接放入水族箱內

→　108頁

海水魚對於水質的變化非常敏感，故必須等牠逐漸適應水質之後再放進水族箱內。

日常管理的注意事項

打水幫浦不可長時間停止使用

打水幫浦是整個過濾系統的心臟。
除了換水及清理濾材之外，應避免長時間停止使用。

隨時注意水溫

→ 161頁

水溫管理至為重要。
為了及早發現加熱器及恆溫器的毛病，不單要經常查看水溫，還要養成常常用水溫計確認水溫的習慣。

注意照明時間

→ 42頁

魚也有生理時鐘，因此照明時間應該保持固定，最好的方法就是使用定時器。

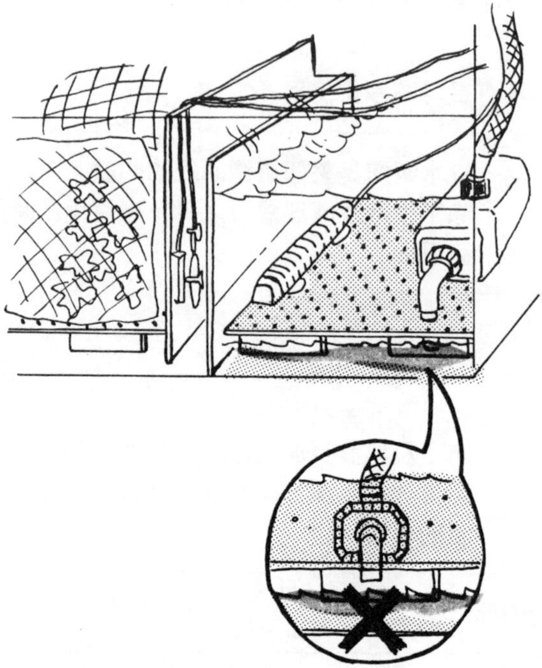

水位下降時會導致打水幫浦空轉！

注意水位的降低

上部式過濾系統必須注意水族箱內的水位，溢流式過濾系統則必須注意過濾槽內的水位。因為，水位的降低，會導致打水幫浦的破損（由於空轉的緣故）。

水位降低時必須追加「純水」

→ 134頁

因為水分蒸發的緣故，海水的濃度會逐漸升高。為避免水質發生變化，必須不時添加純水。

根據各海水魚的特徵觀察其進食情形

→ 117頁

藉由觀察魚隻的攝食行為，可以瞭解其健康狀況。

• 餵魚時，應該根據魚隻的狀況給食。

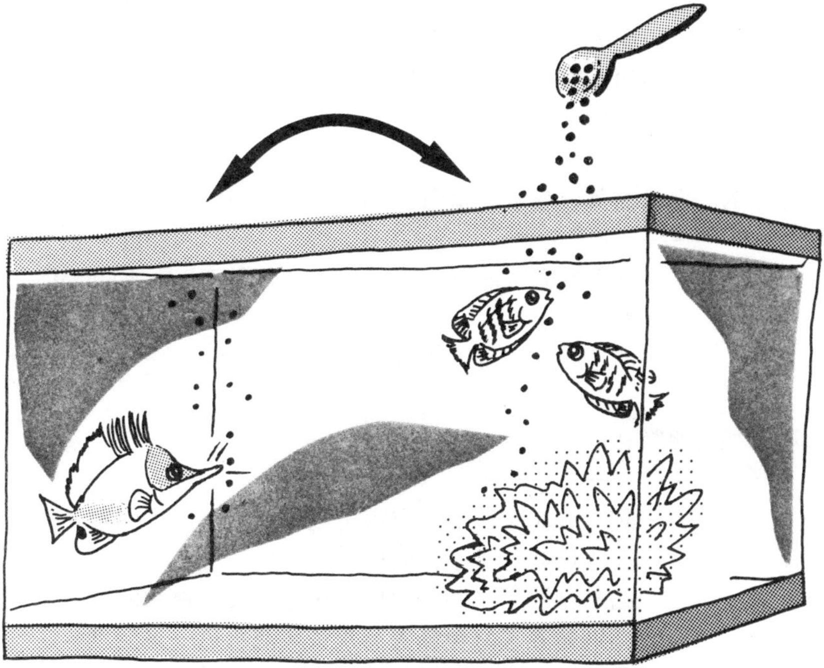

注意海水魚的呼吸狀況

→ 104頁

當魚的身體狀況不佳時，呼吸會變得急促。

不可過分餵食

→ 119頁

過分餵食會使魚的排泄物增加，進而導致水質惡化。

魚死亡後要立即撈出

→ 44頁

死魚的腐敗速度相當快。
如果未能在腐敗之前將其取出，將會導致水質惡化。

注意不可讓結晶鹽掉進水族箱內

→ 133頁

結晶鹽內可能混入灰塵、垃圾或對魚隻有害的物質。
清理時，注意不可讓其掉進水族箱內。

不可敲打水族箱

到水族館參觀時，經常可以看到寫有「請勿敲打水族箱」等字樣的標示。
這麼做除了是避免水族箱被敲破外，最大的理由則是為了避免驚擾海水魚。海水魚一旦受到驚擾，很可能會撞到裝飾用的珊瑚礁或水族箱的玻璃而受傷。

注意不可讓異物混入水族箱內

異物（雜菌及有害物質）混入是導致疾病發生及水質變化的原因，是以除了不可把髒的手伸進水族箱以外，也不可用清潔劑清洗水槽。

換水、清理濾材時的注意事項

必須定期換水

→ 124頁

硝酸鹽無法經由生物過濾去除，故必須定期換水。

換水之前必須先將電源全部切斷

→ 127頁

否則會對加熱器及打水幫浦造成損害。

不可直接在水族箱內製造人工海水

→ 126頁

為避免水質發生變化，最好先在另外的桶子裡做好人工海水，然後再慢慢加進水族箱裡去。

製造人工海水時，比重和水溫必須和原來在水族箱內的海水相同

→ 126頁

為了避免水質變化，調配出來的人工海水的比重和水溫，必須和原來在水族箱內的海水相同。

不同廠牌的人工海水應避免混用

否則可能會導致水質變化。

換水時（採用底部式過濾系統或底部鋪有珊瑚砂的情形），注意不可讓灰塵漂上來

→ 63頁

這是疾病發生的主要原因。

濾材必須定期清理

→ 131頁

不定期清理的話，濾材會因堵塞而致過濾能力減退。

濾材絕對不可用純水清洗

→ 131頁

以純水來清洗濾材，會導致硝化菌死亡。欲清洗濾材時，只需將其放在由水族箱內取出的海水中上下輕輕搖晃即可。

用養殖水清洗！

VIII 疾病的介紹

A 預防

隨著醫療技術的進步，與海水魚的疾病、治療有關的知識也有所突破，但是截至目前為止，還是有很多我們不瞭解的地方。

有關治療方法，將在稍後為各位詳細說明；在此之前，我們先來談談如何預防疾病。

避免水溫急遽變化

水溫急遽變化的情形，必須絕對避免。

包括人類在內，大多數動物所處的環境，一天的溫差約在三～五℃之間。另外，四季變化再加上所處地區的不同，冬、夏的溫差可達二五℃以上。

生活在這種環境中的動物，對於日常的溫差已具有一定的適應能力。而熱

■關於水溫變化的注意點■

把買回來的魚放入水缸時

不要將魚猛然地丟入水中。
將魚放入加有乙烯的水缸中，能使魚浮起並慢慢地調合水溫。

保溫器具與冷卻器具的故障

器具的故障無法事先察覺。
因此要養成經常確認水溫計的習慣。

急遽的水溫變化會對魚隻造成危險，
故必須養成經常查看水溫計的習慣。

帶性海水魚由於長年棲息於水溫一定的環境中，沒有應對水溫急遽變化的經驗，故很容易因此而罹患疾病，甚至死亡。

但水溫如果是以漸進的方式變化，則從二三℃～三十℃的範圍內，魚隻應該可以適應。

以人類的情形為例，當我們已經習慣了夏天的溫度時，如果有一天溫度突然大幅降低，往往很容易感冒或感覺身體不適。

由此可見，即使我們對於溫度變化具有一定的適應力，但是當溫度急遽變化時，大多數的人還是無法適應。

需格外注意水質

前面曾經一再強調，在海水魚的飼養上，水質管理非常重要。事實上，導致海水魚發病、死亡的原因，大多與水質惡化、變化有關。

只要能保持一定的優良水質，則飼養海水魚成功的機率達八成以上。

●要預防疾病首先必須「保持穩定的水質」

■避免短時間水溫的變化

■避免短時間海水濃度的變化

由於水分蒸發的緣故，海水的濃度會上升。

夏天時為了降低溫度，很多人會用電風扇或小型風扇對著水族箱吹，這時水溫固然下降了，但是水蒸氣的蒸發則相對提高，因此必須常常加水。

■避免對海水魚有害的物質（阿摩尼亞、亞硝酸鹽、硝酸鹽等）急遽增加

對海水魚而言，阿摩尼亞、亞硝酸鹽、硝酸鹽等為有害物質。

除了以生物過濾的方式加以去除之外，也可以利用換水的方式去除硝酸鹽。

■避免有害物質的量在短時間內急遽變化

和水溫一樣，有害物質的量會逐漸變化，但在一定的範圍內魚隻仍可適應。

例如，當亞硝酸鹽的含量超出〇・三的危險值時，某些比較健康的魚隻（雀鯛的一部分）仍可存活。

不過，當你察覺水質已經極端惡化時，千萬不可一次將全部的水換掉。

儘管你所調製的人工海水的水溫和濃度，都很適合魚隻的生長，但大量換水會使水質急遽變化，使得原

本已經慢慢適應惡質水質的魚隻死亡。

●「保持穩定水質」的注意事項

■新裝好的水族箱內的水質並不穩定

水族箱裝好以後，要過幾天再把魚放進去。

為了讓硝化菌充分繁殖，可以先放入幾隻測試魚。

■不可過分餵食

一次給予過多魚餌時所剩下的殘餌，以及任由死去的魚隻留在水族箱內，都是導致水質惡化的原因。

■為了讓好氣性硝化菌得以繁殖，必須注意空氣循環

■定期進行水質檢查

不可一次放入太多魚隻

一次放入太多魚隻，會出現以下二大後遺症。

■可能會放入本身已經患病的魚隻

■這些魚隻或許適合混養，但是在你一次把牠們全部放進去時，原有的均衡態勢便遭到破壞，使得魚隻因打架或受到欺凌而死亡。

很多生手都有過在新魚缸內一次養很多魚，結果魚隻卻相繼死亡的經驗。

因此，在你決定足養時，千萬不可忘了伴隨而來的危險性。

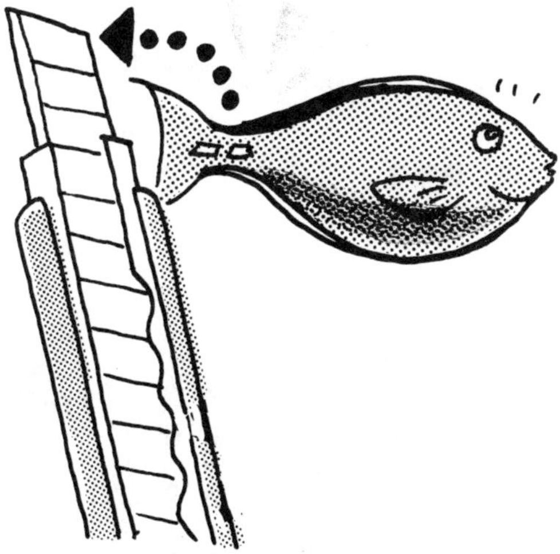

在組合魚隻時，
別忘了加入魚醫生等魚類。

清潔魚的代表「魚醫生」

清潔魚

在遍羅魚當中，有很多是以附著在魚身上的寄生蟲為主食。對於這種魚，我們通稱為「清潔魚」。

清潔魚當中，又以「魚醫生」最受歡迎，因為它入貨量多，而且價位適中。

清潔魚和其它魚一起飼養時，可以預防由寄生蟲類所引起的各種疾病。

清潔魚最喜歡吃附著於棘蝶魚鰓上、身上的的寄生蟲。反之，棘蝶魚一旦染上了這類寄生蟲，往往會自動接近清潔魚。

不過，將清潔魚和棘蝶魚養在一起，並不表示就是萬全的預防對策。最根本的預防方法，還是在於「水質」的維持。

以寄生蟲為食物的清潔魚，本身也會生病。這時最好暫時將其移到別的水槽。

另外，當其產卵時，也必須加以隔離。

B 症狀及預測的病名

症狀	預測的病名及原因
魚隻趴在水族箱底部不動、完全不進食	■因亞硝酸鹽增加導致水質惡化 ■外傷引起的休克 ■進行中的白點病
呼吸急促	■因亞硝酸鹽增加導致水質惡化 ■外傷引起的休克 ■白點病 ■硫酸銅休克
身體不斷摩擦水族箱內裝飾用珊瑚的粗糙面	■白點病（不過對藍倒吊而言，這可能只是一個習慣性動作）
身體及魚鰭部分出現多如針尖般的小白點	■白點病
在魚鰭邊緣附著乳白色的白點且逐漸擴大	■淋巴性囊腫
尾鰭快要溶化、脫落一般	■爛尾鰭病
眼球突出	■突眼症

C 疾病的說明及治療方法

白點病

海水魚疾病當中，最常見的就是「白點病」。在白點病的治療上，成功率約達七～八成。

白點病是由於病原蟲之一的「卵圓纖毛蟲」附著在魚體上而發病的。

●白點病的繁殖周期

■附著期

肉眼可以看得到的小白點附著在魚體上。

尤其是在背鰭及尾鰭上最為常見。

期間因水溫及魚種而有所不同，一般持續約一～三天。

■分裂期

在離開魚體後，一日之內便開始分裂。

分裂期通常會持續數天。

■自由游泳期

分裂後的卵圓纖毛蟲會迅速繁殖，並在水族箱內悠游。

作為特效藥的硫酸銅，只有在這個時期有效。

這些游泳的纖毛蟲，會在一～二天內再度附著於魚身上。

到了這個時期，在魚身上可以看到無數的小白點。此外，這個周期會不斷循環，直到所有的魚都染上白點病為止。

淡水魚同樣會染上白點病，只是其病原蟲的種類和海水魚不同，故不可用治療淡水魚的藥來治療海水魚。治療海水魚的白點病時，必須使用「硫酸銅」。硫酸銅的藥性極強，對人體有害。值得注意的是，很多生手因為用藥不當而導致魚隻死亡，處理時必須特別注意。

這種藥在一般藥房即可買到，只是使用前必須先辨識清楚。魚隻出現白點病的症狀時，必須儘快移到治療缸內進行治療。一旦在某一條魚身上發現了白點病，即使其它魚隻尚未出現症狀，考慮到水族箱內可能有病原蟲四處游動，最好連同水族箱一併治療。

●硫酸銅濃度

對於硫酸銅的濃度，一般是以代表百萬分之一的「ｐｐｍ」為單位。硫酸銅是治療白點病的特效藥，但投藥量（硫酸銅濃度）不當時，反而會使魚隻死亡。為了不讓魚隻死亡，而又能達到治療白點病的效果，使用時必須特別注意濃度的調整。

比較適當的濃度，是在〇・六～〇・八ｐｐｍ之間。當濃度低於〇・五ｐｐｍ時，治療效果就會降低，治療期間則會拉長。硫酸銅對硝化菌的繁殖具有不良影響，因此治療期間一旦拉長，將會導致水質惡化。相反地，只要濃度適當，則短時間內就可收到治療效果。

●治療所需要的東西

■硫酸銅
■硫酸銅測試液
■測量器具
■調製硫酸銅溶液的容器（至少要能容納一ℓ）
■投藥時所使用的聚乙烯容器（底部有小孔）

●投藥期間

從投藥到痊癒，大約需要三～七天。

海水中銅的濃度，會隨著時間逐漸變淡。因此，在治療期間，必須經常用測量銅濃度的測試液來測定海水中的含銅量，藉以維持在適當的濃度範圍內。另外，自來水中也含有銅的成分，因此在開始投藥之前，必須先測量水族箱內的銅濃度，這樣才能計算出正確的濃度加以投藥。

●投藥方法

一般市面上所販賣的硫酸銅為結晶狀態，但不可直接將其丟進水族箱內，否則濃度可能會一下子變得太濃，引起「銅休克」等藥害。萬一水質因而產生急劇變化，還可能導致魚隻死亡。

再者，有些好吃的魚，會將硫酸銅誤以為是魚餌而吞下去，造成誤食。

為了避免上述情形，必須先將硫酸銅放在純水中溶解，製成硫酸銅溶液，再以點滴方式投入水族箱內。為了方便起見，可將硫酸銅溶液裝進底部有小洞的聚乙烯容器內，並固定於水族箱上方，這樣硫酸銅溶液自然就會慢慢地滴進水族箱內。

一次投藥大約需要二~四個小時，在銅濃度逐漸達到正常值後，因為銅而引起藥害的危險性也降低了。

●硫酸銅溶液的製造方法

一ℓ的水可以溶解一g的硫酸銅，製成一〇〇ppm的硫酸銅溶液。我們將此溶液稱為A水溶液。

其次，在一ℓ的水中滴入一ccA水溶液，亦即將A水溶液稀釋為一千分之一，此時其濃度為一ppm。也就是說，將水族箱內的總水量（cc）×一／一〇〇〇，即為必須滴入的A水溶液量（cc），亦即使水族箱內的硫酸銅濃度保持在一ppm的量。但事實上，硫酸銅中銅所占的比例只有四分之一，因此製造A水溶液時，必須在一ℓ的純

在每1ℓ純水內溶入4g硫酸銅，製成A水溶液

水中加入四倍，也就是四g的硫酸銅。

①水族箱總水量的計算方式

■上部式過濾系統

水族箱的水量＋上架式過濾槽的水量

■溢流式過濾系統

水族箱的水量＋下置式過濾槽的水量

＊以六十公分，採用溢流式過濾系統的水族箱為例，總水量約為一〇〇ℓ。

②硫酸銅溶液的製造方法

在容器當中，每一ℓ的純水即加入硫酸銅四g使其溶化。

③如欲調出適當濃度，則必須計算硫酸銅溶液的量

利用吸管或量杯將四十cc的A水溶液倒入一〇〇ℓ的水族箱內，即可調出〇・六ppm的濃度。

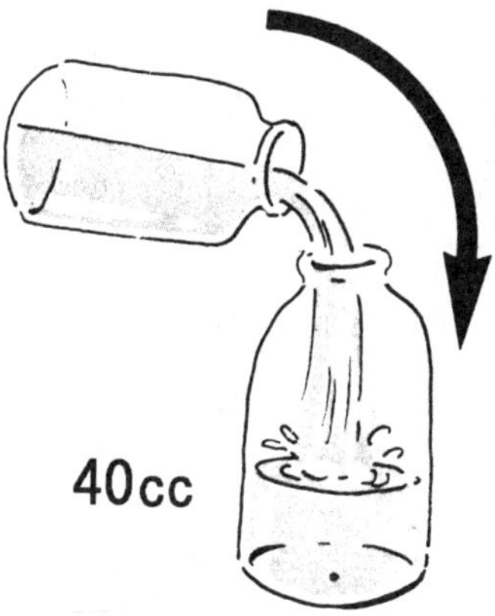

總水量（cc）×1／1,000＝Ycc
適當濃度－殘留濃度＝Zppm
Ycc×Zppm＝調整為適當濃度時所需的A水溶液的量

［範例］
100ℓ＝100,000cc
100,000cc×1／1,000＝100cc
適當濃度為0.6ppm，
殘留濃度為0.2ppm時，則

0.6ppm－0.2ppm＝0.4ppm
100cc×0.4＝40cc

●投藥方法

■每隔十二小時進行一次。
■在治療期間，必須每十二小時用銅測量液測量殘留濃度，並加入硫酸銅溶液以維持適當濃度。
■有些魚對於點滴式投藥方式特別感興趣，為了避免發生意外，投藥時最好靠近水流附近。
＊如果水族箱內不像上部式過濾系統那樣，有水流現象可言，可以暫時使用在水中的過濾網等。

●治療的順序及重點

①在治療開始之前，先將二分之一～三分之二左右的水換掉。
■製造人工海水時，不可倒入穩定劑等水質調整劑。
■硫酸銅對硝化菌會造成影響，治療前必須大量換水。
■治療中不可使用活性炭。
②使用銅測試液來測量銅濃度。
③為了調出適當的濃度，硫酸銅的量必須先經過計算，再製成硫酸銅溶液（請參照前頁的③）。
④硫酸銅溶液必須先用容器裝起來，擺在適當的位置，然後才開始投藥。
■治療期間不要餵餌。
■先關燈待魚的動作變得遲緩時，再開始第一次的投藥。
■投藥期間不可使用殺菌燈、蛋白質分離器、臭氧發生器等周邊器具。
■投予硫酸銅後一段時間內，白點的發生會變得更加明顯。
■白點完全消失後，必須繼續觀察四十八小時。在這期間如果不再有白點產生，就表示已經痊癒了。
■治療期間如果還發現白點病以外的症狀，有可能是銅休克或其它原因所致，必須暫時中止治療。
⑤第二次投藥必須隔十二小時，並先測定殘留濃度，然後再投予維持適當濃度所必需的硫酸銅溶液。

■在白點病的症狀消失以後，必須重複上述步驟，但不得連續超過七天。

⑥白點病一旦痊癒，就必須停止投予硫酸銅。

■將二分之一～三分之二的水換掉。

（只是一般的換水，可加入各種水質調整劑）

⑦啟動各種周邊器具。

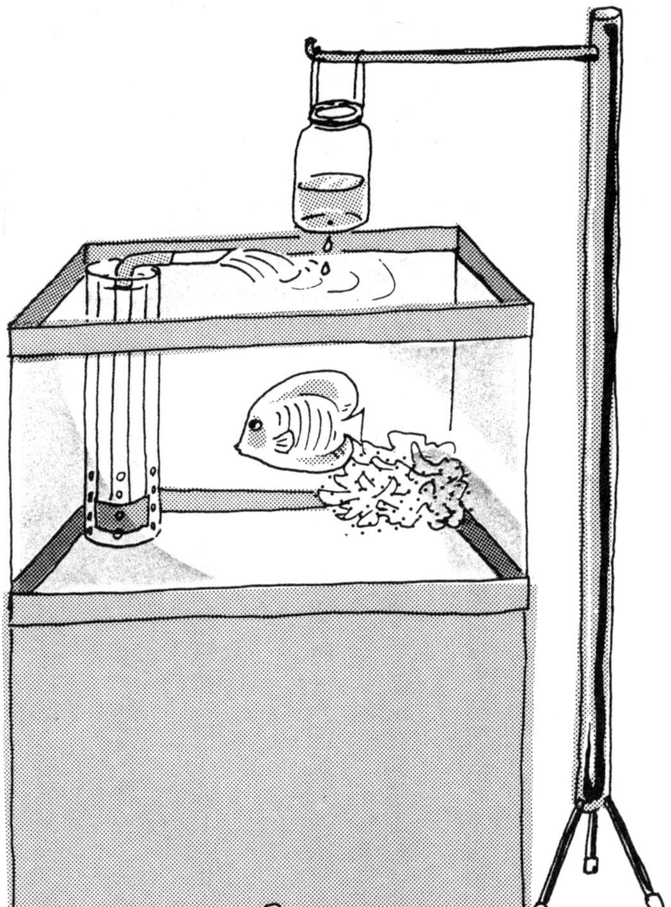

將注入硫酸銅溶液、底部開有小孔的塑膠容器放在水族箱上方，以點滴方式把藥注入水族箱內。

●藥害（硫酸銅休克）

由硫酸銅所引起的藥害，稱為「硫酸銅休克」。出現的症狀包括：猛烈地來回游動、不斷摩擦水族箱或裝飾用珊瑚礁的的粗糙面，最後突然死亡。

防止硫酸銅休克的方法，是不可使其濃度超過〇・八ｐｐｍ。另外，在投予硫酸銅溶液時，必須以點滴方式慢慢加入，不可一次全部倒進去。

在下述的情況下，為防引起硫酸銅休克，治療時濃度必須維持在〇・六ｐｐｍ。

■健康狀況或體力不佳的魚隻治療。

■幼魚的治療或水族箱中有幼魚的治療。

■女王神仙、美國石美人、火焰新娘、非洲侏儒、金點藍咀、黑面蝶、四線蝶等對銅特別敏感的魚類的治療。

一旦確認為硫酸銅休克，為了減低硫酸銅的效力，可加入二倍左右的穩定劑。而在治療缸內加入穩定劑後，就必須暫時中止治療。

再度開始治療時，必須將三分之二以上的水換掉，然後再加入硫酸銅（不可使用任何水質調整劑），否則便不具有效果。

●治療重點及注意事項

■硫酸銅是治療白點病的特效藥，但對魚來講也是一種有害物質，投予時必須特別注意。

■硫酸銅對人體也有害，有小孩的家庭更要特別注意。

■硫酸銅的濃度不得超過〇・八ｐｐｍ。

■硫酸銅的濃度底於〇・五ｐｐｍ時，治療效果會大幅降低，治療時間則會拉長。

■只在必要時取必要量的硫酸銅製成水溶液。
當硫酸銅長時間保持溶液狀態時，效果會逐漸減退。

■硫酸銅對硝化菌會產生不良影響，使過濾能力降低。是以在投藥期間不可餵食。

■不可將硫酸銅直接放入水族箱內。
硫酸銅水溶液製成後，必須花點時間慢慢投予。

■如果一週後白點病仍未痊癒，則必須暫時中止治療。

■再度開始治療前，需換掉二分之一～三分之二的水。切記，換水時不可加入水質調整劑。

■治療期間即使白點已經消失，仍然必須繼續觀察四十八小時。
只要四十八小時後白點症狀未曾復發，就表示已經痊癒。

■痊癒之後，必須將二分之一～三分之二的水換掉。（可加入各種水質調整劑）
換水時要特別注意水溫和濃度，否則已經痊癒的疾病可能會復發。

■無脊椎動物（包括海藻類在內）對銅十分敏感，故不可對養有無脊椎動物的水族箱內投藥。

淋巴囊腫症
(Lymphocystis)

淋巴囊腫症是由於病毒感染，形成於魚類皮膚細胞的疾病。

它不像白點病那樣會出現在全身，而是先集中在一處形成乳白色，然後逐漸擴大且逐漸變白；在此同時，瘡痂也會變厚。

在水質良好，同時使用殺菌燈及臭氧發生器的水族箱內的魚隻，幾乎不會罹患這種疾病。

●治療方法

①將一勺水質穩定劑及一杯細菌性魚病用藥劑放進可容納二杯分量的容器內加以攪拌。

②切除患部。

■如果患部是在魚鰭等可以切除的部位，則將其切除。

將一勺穩定劑及一杯細菌性魚病用藥劑，放在可容納二杯分量的容器內充分混合。

■如果患部是在無法切除的部位，可用耳勺（木製亦可）將患部的厚痂搔除。

③將穩定劑與細菌性魚病用藥劑混合成的溶液塗抹於患部。

若患部可以切除，則用剪刀將患部切除。

若患部無法切除，則用木製耳勺將患部的厚痂摳掉。

完成上述步驟後，用棉花沾取以穩定劑和細菌性魚病用藥劑製成的溶液塗抹於患部。

爛尾鰭病

這是一種由細菌感染所引起的細菌性疾病，因尾鰭部分呈腐爛狀態（好像快要溶化似地）而被稱為「爛尾鰭病」。

除了尾鰭以外，口部和鰓同樣會受到細菌感染。

●根本治療方法

這種疾病是由於直接接觸而造成感染，因此必須將生病的魚隻隔離在治療缸內。

為了防止因環境變化而引起其它併發症，治療缸的環境必須與養殖缸相同。

■治療缸內需使用取自養殖缸內的海水。

（養殖缸內減少的海水，可

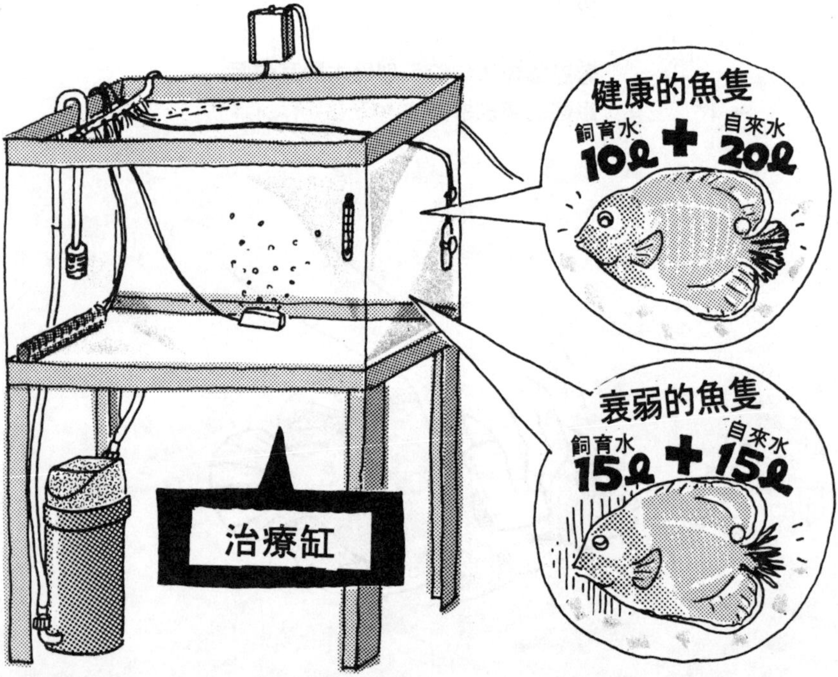

一般是養殖水10ℓ＋純水20ℓ，然後進行空氣循環。如果魚隻非常衰弱，則改為養殖水15ℓ、純水15ℓ的比例。

製造新的海水加以補充）

■需保持與養殖缸內相同的水溫。

■務必進行過濾，以使水質保持一定。

■加強空氣循環。

●治療順序

①暫時將病魚放在另一個水族箱內（水桶也可以），箱內的水由十ℓ取自飼養水族箱的海水與二十ℓ純水混合而成，並進行空氣循環。

養殖水族箱與治療用臨時水族箱內的水溫，必須保持相同。

＊如果魚的體力非常虛弱或根本沒有體力，則臨時水族箱內的水，必須由十五ℓ養殖水與十五ℓ純水混合而成。

②加入〇・五g左右的細菌性魚病用藥劑使其溶解。

③先觀察魚的狀況，再將魚從治療缸移到治療用臨時水族箱內，讓它游一～五分鐘（一般稱此為「淡水浴治療」）。

如果魚隻表現出很激動且呼吸急促等異常現象，必須立即中止淡水浴治療。

④再次將魚移回治療缸並觀察其情形。

⑤密切觀察病狀及魚的健康狀況，並在一天當中多次重複以上的治療。

⑥待確定疾病已經痊癒後，可將魚放回飼養用水族箱內。

至於治療用水族箱與治療缸內的海水，則必須予以丟棄。

凸眼症

凸眼症是指魚隻眼球凸出的狀態，病情惡化時，眼球甚至會脫落。有關其原因及根治方法，目前還不得而知。

●放在比重較高的治療缸內進行治療

①準備一個海水濃度較原先養殖用水族箱內海水的濃度更高的治療缸。

如果養殖箱的海水濃度為一・〇一九，則治療缸內海水的比重應該調為一・〇二二。

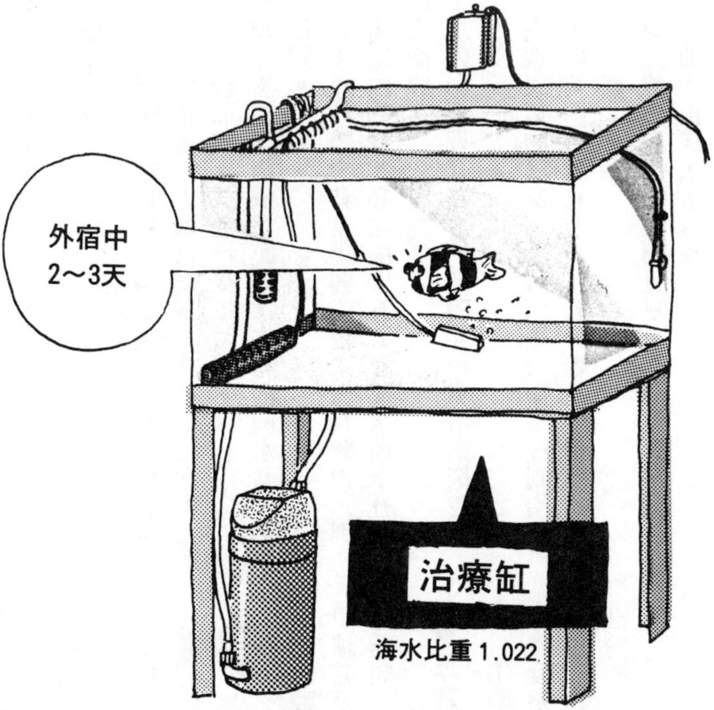

凸眼症的治療，是將患病的魚隻放進比重較高的治療缸內二～三天。

②在治療缸內停留二～三天。在這期間，疾病也可能痊癒，但由於正值疾病進行時期，因此完全治癒的可能很低。

③回到養殖箱內。如果沒有其它併發症，可以按照將新買的魚隻放入水族箱內的要領，慢慢讓牠適應水質。

●抑制疾病進行的方法

提高水族箱內的水質，有助於抑制疾病的進行。

在這個時候，必須進行三分之二以上的換水。

拒食

促使魚隻拒食的原因很多，治療方法當然也因原因不同而有所改變。

健康的魚隻，一個禮拜不吃東西並不至於餓死，但如果拒食期間比這更長，則會導致健康惡化並引發其它疾病，故必須儘早發現原因，加以對症下藥。

●由白點病、淋巴囊腫病所引起的拒食

生病的魚隻，胃口會變小、甚或拒食。因此，當你發現魚隻拒食時，首先要找出原因，然後針對疾病進行治療。

萬一治療後食慾仍未恢復，可以給與蛤蜊、冷凍蝦等生餌。

●因環境變化所引起的拒食

在魚店裡經常進食的魚隻，一旦移入自家的水族箱內，有時會變得不愛進食。

這種拒食是由於環境變化所引起的。一般來說，只要魚隻原來的進食狀況正常，三～四天後自然就會開始進食了。

另一方面，當水族箱內其它的魚隻都紛紛進食時，會對不愛進食的魚隻產生刺激作用而開始進食。

如果拒食的期間很長，則必須改餵生餌。

外傷

為了爭奪領域而互咬、追逐時，往往會形成外傷。一旦傷口為雜菌侵入而告惡化，治療起來就難了。

如果傷口只有一處，可將魚隻自水族箱內撈出，將藥物塗於患部。

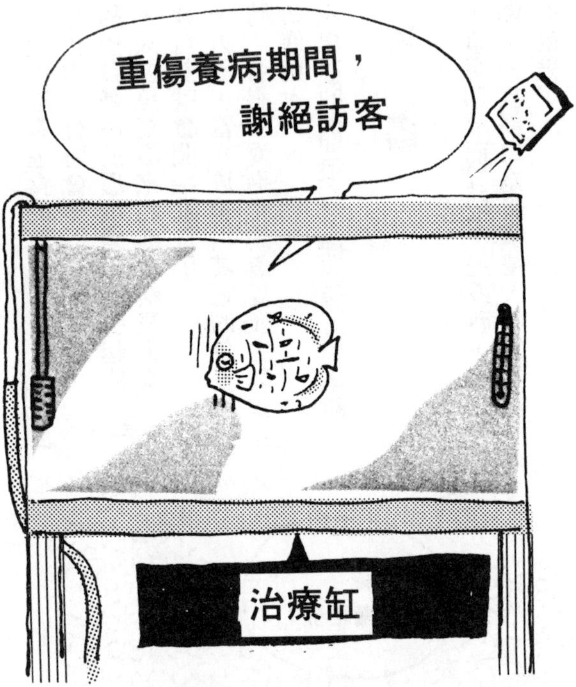

如果傷勢嚴重，則必須移到加入養殖水的治療缸內，並施以空氣循環。

因此，一經發現傷口，必須馬上加以治療。

●傷口只有一小部分時

①將一勺穩定劑及一杯細菌性魚病用藥劑放入可容納二杯份量的洗淨容器內。

②將魚自水族箱內取出，用脫脂綿沾藥塗抹患部。

③一天二次，連續塗抹二天。

●傷口偏佈全身時

①在治療缸（乾淨的水桶也可以）內放入養殖水，並進行空氣循環。

■治療缸內的水溫必須與養殖箱內相同。

■由於必須在治療缸內待上幾天，因此保溫器具、過濾器具及其它必要器具，都必須齊備。

②在治療缸內加入適量的穩定劑及細菌性魚病用藥劑（大致是每三十ℓ加入〇・二g）使其溶解。

③將受傷的魚隻放入治療缸內。

＊治療時間視受傷程度而定，通常可在數日內痊癒。

[著者介紹]

田中智浩＜淨化槽管理士＞

1977年　開始潛水游泳，對海洋生態產生興趣。

1982年　美國林肯大學畢業。

1984年　C.P.I（電子計算機程式設計學院）畢業。
T.C.G社擔任調查分析的業務。
其間開始研究家庭中飼養海水魚及淨化裝置，並進行海水魚飼養的試驗。

1985年　回日本，開發海水魚專用淨化裝置，全方位水槽系統的研究。

1991年　設立馬里亞克里亞姆研究所，專用水槽系統的設計及飼育的分析和指導業務。

1992年　設立海水魚研究協會至今。著有「海水魚的飼養法」等。

写真提供および協力会社

●**株式会社ランマックス**
〒151 東京都渋谷区笹塚2－7－10
東建ビル7F
TEL 03－5351－3971

●**東京熱帯魚**
〒168 東京都杉並区下高井戸5－9－44
TEL 03－3304－1220

●**株式会社ニッソー**
〒123 東京都足立区栗原1－4－24
TEL 03－3884－2611

●**株式会社レイシー**
〒101 東京都千代田区神田岩本町2番地
TEL 03－3256－0597

●**ワーナー・ランバート株式会社**
〒108 東京都港区白金台3－19－1第31興和ビル
TEL 03－3448－8655

●**大方洋二**
〒130 東京都墨田区東駒形1－15－2－407
TEL 03－3624－0439

●**小林 尚／マリンアクエリアム研究所**

展出版社有限公司
品冠文化出版社

圖書目錄

地址：台北市北投區(石牌)
致遠一路二段 12 巷 1 號
郵撥：01669551＜大展＞
19346241＜品冠＞
電話：(02) 28236031
28236033
28233123
傳真：(02) 28272069

・少年偵探・品冠編號 66

1. 怪盜二十面相	（精）	江戶川亂步著	特價	189 元
2. 少年偵探團	（精）	江戶川亂步著	特價	189 元
3. 妖怪博士	（精）	江戶川亂步著	特價	189 元
4. 大金塊	（精）	江戶川亂步著	特價	230 元
5. 青銅魔人	（精）	江戶川亂步著	特價	230 元
6. 地底魔術王	（精）	江戶川亂步著	特價	230 元
7. 透明怪人	（精）	江戶川亂步著	特價	230 元
8. 怪人四十面相	（精）	江戶川亂步著	特價	230 元
9. 宇宙怪人	（精）	江戶川亂步著	特價	230 元
10. 恐怖的鐵塔王國	（精）	江戶川亂步著	特價	230 元
11. 灰色巨人	（精）	江戶川亂步著	特價	230 元
12. 海底魔術師	（精）	江戶川亂步著	特價	230 元
13. 黃金豹	（精）	江戶川亂步著	特價	230 元
14. 魔法博士	（精）	江戶川亂步著	特價	230 元
15. 馬戲怪人	（精）	江戶川亂步著	特價	230 元
16. 魔人銅鑼	（精）	江戶川亂步著	特價	230 元
17. 魔法人偶	（精）	江戶川亂步著	特價	230 元
18. 奇面城的秘密	（精）	江戶川亂步著	特價	230 元
19. 夜光人	（精）	江戶川亂步著	特價	230 元
20. 塔上的魔術師	（精）	江戶川亂步著	特價	230 元
21. 鐵人Q	（精）	江戶川亂步著	特價	230 元
22. 假面恐怖王	（精）	江戶川亂步著	特價	230 元
23. 電人M	（精）	江戶川亂步著	特價	230 元
24. 二十面相的詛咒	（精）	江戶川亂步著	特價	230 元
25. 飛天二十面相	（精）	江戶川亂步著	特價	230 元
26. 黃金怪獸	（精）	江戶川亂步著	特價	230 元

・生活廣場・品冠編號 61

1. 366 天誕生星	李芳黛譯	280 元
2. 366 天誕生花與誕生石	李芳黛譯	280 元
3. 科學命相	淺野八郎著	220 元
4. 已知的他界科學	陳蒼杰譯	220 元

5.	開拓未來的他界科學	陳蒼杰譯	220 元
6.	世紀末變態心理犯罪檔案	沈永嘉譯	240 元
7.	366 天開運年鑑	林廷宇編著	230 元
8.	色彩學與你	野村順一著	230 元
9.	科學手相	淺野八郎著	230 元
10.	你也能成為戀愛高手	柯富陽編著	220 元
11.	血型與十二星座	許淑瑛編著	230 元
12.	動物測驗—人性現形	淺野八郎著	200 元
13.	愛情、幸福完全自測	淺野八郎著	200 元
14.	輕鬆攻佔女性	趙奕世編著	230 元
15.	解讀命運密碼	郭宗德著	200 元
16.	由客家了解亞洲	高木桂藏著	220 元

・女醫師系列・品冠編號 62

1.	子宮內膜症	國府田清子著	200 元
2.	子宮肌瘤	黑島淳子著	200 元
3.	上班女性的壓力症候群	池下育子著	200 元
4.	漏尿、尿失禁	中田真木著	200 元
5.	高齡生產	大鷹美子著	200 元
6.	子宮癌	上坊敏子著	200 元
7.	避孕	早乙女智子著	200 元
8.	不孕症	中村春根著	200 元
9.	生理痛與生理不順	堀口雅子著	200 元
10.	更年期	野末悅子著	200 元

・傳統民俗療法・品冠編號 63

1.	神奇刀療法	潘文雄著	200 元
2.	神奇拍打療法	安在峰著	200 元
3.	神奇拔罐療法	安在峰著	200 元
4.	神奇艾灸療法	安在峰著	200 元
5.	神奇貼敷療法	安在峰著	200 元
6.	神奇薰洗療法	安在峰著	200 元
7.	神奇耳穴療法	安在峰著	200 元
8.	神奇指針療法	安在峰著	200 元
9.	神奇藥酒療法	安在峰著	200 元
10.	神奇藥茶療法	安在峰著	200 元
11.	神奇推拿療法	張貴荷著	200 元
12.	神奇止痛療法	漆 浩 著	200 元

・常見病藥膳調養叢書・品冠編號 631

1.	脂肪肝四季飲食	蕭守貴著	200 元

2. 高血壓四季飲食 秦玖剛著 200 元
3. 慢性腎炎四季飲食 魏從強著 200 元
4. 高脂血症四季飲食 薛輝著 200 元
5. 慢性胃炎四季飲食 馬秉祥著 200 元
6. 糖尿病四季飲食 王耀獻著 200 元
7. 癌症四季飲食 李忠著 200 元
8. 痛風四季飲食 魯焰主編 200 元
9. 肝炎四季飲食 王虹等著 200 元
10. 肥胖症四季飲食 李偉等著 200 元
11. 膽囊炎、膽石症四季飲食 謝春娥著 200 元

・彩色圖解保健・品冠編號 64

1. 瘦身 主婦之友社 300 元
2. 腰痛 主婦之友社 300 元
3. 肩膀痠痛 主婦之友社 300 元
4. 腰、膝、腳的疼痛 主婦之友社 300 元
5. 壓力、精神疲勞 主婦之友社 300 元
6. 眼睛疲勞、視力減退 主婦之友社 300 元

・心 想 事 成・品冠編號 65

1. 魔法愛情點心 結城莫拉著 120 元
2. 可愛手工飾品 結城莫拉著 120 元
3. 可愛打扮 & 髮型 結城莫拉著 120 元
4. 撲克牌算命 結城莫拉著 120 元

・熱 門 新 知・品冠編號 67

1. 圖解基因與 DNA （精） 中原英臣主編 230 元
2. 圖解人體的神奇 （精） 米山公啟主編 230 元
3. 圖解腦與心的構造 （精） 永田和哉主編 230 元
4. 圖解科學的神奇 （精） 鳥海光弘主編 230 元
5. 圖解數學的神奇 （精） 柳 谷 晃著 250 元
6. 圖解基因操作 （精） 海老原充主編 230 元
7. 圖解後基因組 （精） 才園哲人著 230 元

・武 術 特 輯・大展編號 10

1. 陳式太極拳入門 馮志強編著 180 元
2. 武式太極拳 郝少如編著 200 元
3. 中國跆拳道實戰 100 例 岳維傳著 220 元
4. 教門長拳 蕭京凌編著 150 元
5. 跆拳道 蕭京凌編譯 180 元

6. 正傳合氣道	程曉鈴譯	200 元
8. 格鬥空手道	鄭旭旭編著	200 元
9. 實用跆拳道	陳國榮編著	200 元
10. 武術初學指南	李文英、解守德編著	250 元
11. 泰國拳	陳國榮著	180 元
12. 中國式摔跤	黃　斌編著	180 元
13. 太極劍入門	李德印編著	180 元
14. 太極拳運動	運動司編	250 元
15. 太極拳譜	清・王宗岳等著	280 元
16. 散手初學	冷　峰編著	200 元
17. 南拳	朱瑞琪編著	180 元
18. 吳式太極劍	王培生著	200 元
19. 太極拳健身與技擊	王培生著	250 元
20. 秘傳武當八卦掌	狄兆龍著	250 元
21. 太極拳論譚	沈　壽著	250 元
22. 陳式太極拳技擊法	馬　虹著	250 元
23. 二十四式/三十二式太極拳/劍	闞桂香著	180 元
24. 楊式秘傳 129 式太極長拳	張楚全著	280 元
25. 楊式太極拳架詳解	林炳堯著	280 元
26. 華佗五禽劍	劉時榮著	180 元
27. 太極拳基礎講座：基本功與簡化 24 式	李德印著	250 元
28. 武式太極拳精華	薛乃印著	200 元
29. 陳式太極拳拳理闡微	馬　虹著	350 元
30. 陳式太極拳體用全書	馬　虹著	400 元
31. 張三豐太極拳	陳占奎著	200 元
32. 中國太極推手	張　山主編	300 元
33. 48 式太極拳入門	門惠豐編著	220 元
34. 太極拳奇人奇功	嚴翰秀編著	250 元
35. 心意門秘籍	李新民編著	220 元
36. 三才門乾坤戊己功	王培生編著	220 元
37. 武式太極劍精華＋VCD	薛乃印編著	350 元
38. 楊式太極拳	傅鐘文演述	200 元
39. 陳式太極拳、劍 36 式	闞桂香編著	250 元
40. 正宗武式太極拳	薛乃印著	220 元
41. 杜元化＜太極拳正宗＞考析	王海洲等著	300 元
42. ＜珍貴版＞陳式太極拳	沈家楨著	280 元
43. 24 式太極拳＋VCD	中國國家體育總局著	350 元
44. 太極推手絕技	安在峰編著	250 元
45. 孫祿堂武學錄	孫祿堂著	300 元
46. ＜珍貴本＞陳式太極拳精選	馮志強著	280 元
47. 武當趙堡太極拳小架	鄭悟清傳授	250 元
48. 太極拳習練知識問答	邱丕相主編	220 元
49. 八法拳 八法槍	武世俊著	220 元
50. 地趟拳＋VCD	張憲政著	350 元

51. 四十八式太極拳＋VCD	楊　靜演示	400 元
52. 三十二式太極劍＋VCD	楊　靜演示	300 元
53. 隨曲就伸 中國太極拳名家對話錄	余功保著	300 元
54. 陳式太極拳五功八法十三勢	鬫桂香著	200 元
55. 六合螳螂拳	劉敬儒等著	280 元
56. 古本新探華佗五禽戲	劉時榮編著	180 元
57. 陳式太極拳養生功＋VCD	陳正雷著	350 元
58. 中國循經太極拳二十四式教程	李兆生著	300 元
59. <珍貴本>太極拳研究	唐豪・顧留馨著	250 元
60. 武當三豐太極拳	劉嗣傳著	300 元
61. 楊式太極拳體用圖解	崔仲三編著	350 元
62. 太極十三刀	張耀忠編著	230 元
63. 和式太極拳譜＋VCD	和有祿編著	450 元

・彩色圖解太極武術・大展編號 102

1. 太極功夫扇	李德印編著	220 元
2. 武當太極劍	李德印編著	220 元
3. 楊式太極劍	李德印編著	220 元
4. 楊式太極刀	王志遠著	220 元
5. 二十四式太極拳(楊式)＋VCD	李德印編著	350 元
6. 三十二式太極劍(楊式)＋VCD	李德印編著	350 元
7. 四十二式太極劍＋VCD	李德印編著	350 元
8. 四十二式太極拳＋VCD	李德印編著	350 元
9. 16 式太極拳 18 式太極劍＋VCD	崔仲三著	350 元
10. 楊氏 28 式太極拳＋VCD	趙幼斌著	350 元
11. 楊式太極拳 40 式＋VCD	宗維潔編著	350 元
12. 陳式太極拳 56 式＋VCD	黃康輝等著	350 元
13. 吳式太極拳 45 式＋VCD	宗維潔編著	350 元
14. 精簡陳式太極拳 8 式、16 式	黃康輝編著	220 元
15. 精簡吳式太極拳<36 式拳架・推手>	柳恩久主編	220 元
16. 夕陽美功夫扇	李德印著	220 元

・國際武術競賽套路・大展編號 103

1. 長拳	李巧玲執筆	220 元
2. 劍術	程慧琨執筆	220 元
3. 刀術	劉同為執筆	220 元
4. 槍術	張躍寧執筆	220 元
5. 棍術	殷玉柱執筆	220 元

・簡化太極拳・大展編號 104

1. 陳式太極拳十三式	陳正雷編著	200 元

2.	楊式太極拳十三式	楊振鐸編著	200 元
3.	吳式太極拳十三式	李秉慈編著	200 元
4.	武式太極拳十三式	喬松茂編著	200 元
5.	孫式太極拳十三式	孫劍雲編著	200 元
6.	趙堡太極拳十三式	王海洲編著	200 元

・中國當代太極拳名家名著・大展編號 106

1.	李德印太極拳規範教程	李德印著	550 元
2.	王培生吳式太極拳詮真	王培生著	500 元
3.	喬松茂武式太極拳詮真	喬松茂著	450 元
4.	孫劍雲孫式太極拳詮真	孫劍雲著	350 元
5.	王海洲趙堡太極拳詮真	王海洲著	500 元
6.	鄭琛太極拳道詮真	鄭琛著	450 元

・名師出高徒・大展編號 111

1.	武術基本功與基本動作	劉玉萍編著	200 元
2.	長拳入門與精進	吳彬等著	220 元
3.	劍術刀術入門與精進	楊柏龍等著	220 元
4.	棍術、槍術入門與精進	邱丕相編著	220 元
5.	南拳入門與精進	朱瑞琪編著	220 元
6.	散手入門與精進	張山等著	220 元
7.	太極拳入門與精進	李德印編著	280 元
8.	太極推手入門與精進	田金龍編著	220 元

・實用武術技擊・大展編號 112

1.	實用自衛拳法	溫佐惠著	250 元
2.	搏擊術精選	陳清山等著	220 元
3.	秘傳防身絕技	程崑彬著	230 元
4.	振藩截拳道入門	陳琦平著	220 元
5.	實用擒拿法	韓建中著	220 元
6.	擒拿反擒拿 88 法	韓建中著	250 元
7.	武當秘門技擊術入門篇	高翔著	250 元
8.	武當秘門技擊術絕技篇	高翔著	250 元
9.	太極拳實用技擊法	武世俊著	220 元

・中國武術規定套路・大展編號 113

1.	螳螂拳	中國武術系列	300 元
2.	劈掛拳	規定套路編寫組	300 元
3.	八極拳	國家體育總局	250 元
4.	木蘭拳	國家體育總局	230 元

・中華傳統武術・大展編號 114

1.	中華古今兵械圖考	裴錫榮主編	280 元
2.	武當劍	陳湘陵編著	200 元
3.	梁派八卦掌（老八掌）	李子鳴遺著	220 元
4.	少林 72 藝與武當 36 功	裴錫榮主編	230 元
5.	三十六把擒拿	佐藤金兵衛主編	200 元
6.	武當太極拳與盤手 20 法	裴錫榮主編	220 元

・少林功夫・大展編號 115

1.	少林打擂秘訣	德虔、素法編著	300 元
2.	少林三大名拳 炮拳、大洪拳、六合拳	門惠豐等著	200 元
3.	少林三絕 氣功、點穴、擒拿	德虔編著	300 元
4.	少林怪兵器秘傳	素法等著	250 元
5.	少林護身暗器秘傳	素法等著	220 元
6.	少林金剛硬氣功	楊維編著	250 元
7.	少林棍法大全	德虔、素法編著	250 元
8.	少林看家拳	德虔、素法編著	250 元
9.	少林正宗七十二藝	德虔、素法編著	280 元
10.	少林瘋魔棍闡宗	馬德著	250 元
11.	少林正宗太祖拳法	高翔著	280 元
12.	少林拳技擊入門	劉世君編著	220 元
13.	少林十路鎮山拳	吳景川主編	300 元

・迷蹤拳系列・大展編號 116

1.	迷蹤拳（一）+VCD	李玉川編著	350 元
2.	迷蹤拳（二）+VCD	李玉川編著	350 元
3.	迷蹤拳（三）	李玉川編著	250 元
4.	迷蹤拳（四）+VCD	李玉川編著	580 元

・原地太極拳系列・大展編號 11

1.	原地綜合太極拳 24 式	胡啟賢創編	220 元
2.	原地活步太極拳 42 式	胡啟賢創編	200 元
3.	原地簡化太極拳 24 式	胡啟賢創編	200 元
4.	原地太極拳 12 式	胡啟賢創編	200 元
5.	原地青少年太極拳 22 式	胡啟賢創編	220 元

・道學文化・大展編號 12

1.	道在養生：道教長壽術	郝勤等著	250 元
2.	龍虎丹道：道教內丹術	郝勤著	300 元

3. 天上人間：道教神仙譜系　黃德海著　250 元
4. 步罡踏斗：道教祭禮儀典　張澤洪著　250 元
5. 道醫窺秘：道教醫學康復術　王慶餘等著　250 元
6. 勸善成仙：道教生命倫理　李剛著　250 元
7. 洞天福地：道教宮觀勝境　沙銘壽著　250 元
8. 青詞碧簫：道教文學藝術　楊光文等著　250 元
9. 沈博絕麗：道教格言精粹　朱耕發等著　250 元

・易學智慧・大展編號 122

1. 易學與管理　余敦康主編　250 元
2. 易學與養生　劉長林等著　300 元
3. 易學與美學　劉綱紀等著　300 元
4. 易學與科技　董光壁著　280 元
5. 易學與建築　韓增祿著　280 元
6. 易學源流　鄭萬耕著　280 元
7. 易學的思維　傅雲龍等著　250 元
8. 周易與易圖　李申著　250 元
9. 中國佛教與周易　王仲堯著　350 元
10. 易學與儒學　任俊華著　350 元
11. 易學與道教符號揭秘　詹石窗著　350 元
12. 易傳通論　王博著　250 元
13. 談古論今說周易　龐鈺龍著　280 元
14. 易學與史學　吳懷祺著　230 元

・神算大師・大展編號 123

1. 劉伯溫神算兵法　應涵編著　280 元
2. 姜太公神算兵法　應涵編著　280 元
3. 鬼谷子神算兵法　應涵編著　280 元
4. 諸葛亮神算兵法　應涵編著　280 元

・鑑往知來・大展編號 124

1. 《三國志》給現代人的啟示　陳羲主編　220 元
2. 《史記》給現代人的啟示　陳羲主編　220 元

・秘傳占卜系列・大展編號 14

1. 手相術　淺野八郎著　180 元
2. 人相術　淺野八郎著　180 元
3. 西洋占星術　淺野八郎著　180 元
4. 中國神奇占卜　淺野八郎著　150 元
5. 夢判斷　淺野八郎著　150 元

7.	法國式血型學	淺野八郎著	150 元
8.	靈感、符咒學	淺野八郎著	150 元
9.	紙牌占卜術	淺野八郎著	150 元
10.	ESP 超能力占卜	淺野八郎著	150 元
11.	猶太數的秘術	淺野八郎著	150 元
13.	塔羅牌預言秘法	淺野八郎著	200 元

・趣味心理講座・大展編號 15

1.	性格測驗（1） 探索男與女	淺野八郎著	140 元
2.	性格測驗（2） 透視人心奧秘	淺野八郎著	140 元
3.	性格測驗（3） 發現陌生的自己	淺野八郎著	140 元
4.	性格測驗（4） 發現你的真面目	淺野八郎著	140 元
5.	性格測驗（5） 讓你們吃驚	淺野八郎著	140 元
6.	性格測驗（6） 洞穿心理盲點	淺野八郎著	140 元
7.	性格測驗（7） 探索對方心理	淺野八郎著	140 元
8.	性格測驗（8） 由吃認識自己	淺野八郎著	160 元
9.	性格測驗（9） 戀愛知多少	淺野八郎著	160 元
10.	性格測驗（10）由裝扮瞭解人心	淺野八郎著	160 元
11.	性格測驗（11）敲開內心玄機	淺野八郎著	140 元
12.	性格測驗（12）透視你的未來	淺野八郎著	160 元
13.	血型與你的一生	淺野八郎著	160 元
14.	趣味推理遊戲	淺野八郎著	160 元
15.	行為語言解析	淺野八郎著	160 元

・婦 幼 天 地・大展編號 16

1.	八萬人減肥成果	黃靜香譯	180 元
2.	三分鐘減肥體操	楊鴻儒譯	150 元
3.	窈窕淑女美髮秘訣	柯素娥譯	130 元
4.	使妳更迷人	成　玉譯	130 元
5.	女性的更年期	官舒妍編譯	160 元
6.	胎內育兒法	李玉瓊編譯	150 元
7.	早產兒袋鼠式護理	唐岱蘭譯	200 元
9.	初次育兒 12 個月	婦幼天地編譯組	180 元
10.	斷乳食與幼兒食	婦幼天地編譯組	180 元
11.	培養幼兒能力與性向	婦幼天地編譯組	180 元
12.	培養幼兒創造力的玩具與遊戲	婦幼天地編譯組	180 元
13.	幼兒的症狀與疾病	婦幼天地編譯組	180 元
14.	腿部苗條健美法	婦幼天地編譯組	180 元
15.	女性腰痛別忽視	婦幼天地編譯組	150 元
16.	舒展身心體操術	李玉瓊編譯	130 元
17.	三分鐘臉部體操	趙薇妮著	160 元
18.	生動的笑容表情術	趙薇妮著	160 元

19. 心曠神怡減肥法　川津祐介著　130元
20. 內衣使妳更美麗　陳玄茹譯　130元
21. 瑜伽美姿美容　黃靜香編著　180元
22. 高雅女性裝扮學　陳珮玲譯　180元
23. 蠶糞肌膚美顏法　梨秀子著　160元
24. 認識妳的身體　李玉瓊譯　160元
25. 產後恢復苗條體態　居理安・芙萊喬著　200元
26. 正確護髮美容法　山崎伊久江著　180元
27. 安琪拉美姿養生學　安琪拉蘭斯博瑞著　180元
28. 女體性醫學剖析　增田豐著　220元
29. 懷孕與生產剖析　岡部綾子著　180元
30. 斷奶後的健康育兒　東城百合子著　220元
31. 引出孩子幹勁的責罵藝術　多湖輝著　170元
32. 培養孩子獨立的藝術　多湖輝著　170元
33. 子宮肌瘤與卵巢囊腫　陳秀琳編著　180元
34. 下半身減肥法　納他夏・史達賓著　180元
35. 女性自然美容法　吳雅菁編著　180元
36. 再也不發胖　池園悅太郎著　170元
37. 生男生女控制術　中垣勝裕著　220元
38. 使妳的肌膚更亮麗　楊　皓編著　170元
39. 臉部輪廓變美　芝崎義夫著　180元
40. 斑點、皺紋自己治療　高須克彌著　180元
41. 面皰自己治療　伊藤雄康著　180元
42. 隨心所欲瘦身冥想法　原久子著　180元
43. 胎兒革命　鈴木丈織著　180元
44. NS 磁氣平衡法塑造窈窕奇蹟　古屋和江著　180元
45. 享瘦從腳開始　山田陽子著　180元
46. 小改變瘦 4 公斤　宮本裕子著　180元
47. 軟管減肥瘦身　高橋輝男著　180元
48. 海藻精神秘美容法　劉名揚編著　180元
49. 肌膚保養與脫毛　鈴木真理著　180元
50. 10 天減肥 3 公斤　彤雲編輯組　180元
51. 穿出自己的品味　西村玲子著　280元
52. 小孩髮型設計　李芳黛譯　250元

・青　春　天　地・大展編號 17

1. A 血型與星座　柯素娥編譯　160元
2. B 血型與星座　柯素娥編譯　160元
3. O 血型與星座　柯素娥編譯　160元
4. AB 血型與星座　柯素娥編譯　120元
5. 青春期性教室　呂貴嵐編譯　130元
9. 小論文寫作秘訣　林顯茂編譯　120元
11. 中學生野外遊戲　熊谷康編著　120元

國家圖書館出版品預行編目資料

海水魚飼養法 / 田中智浩著，吳秋嬌譯.
－初版－臺北市：大展 ， 民85
面 ； 21 公分 －（休閒娛樂；1）
譯自：海水魚を飼う人のために
ISBN 957-557-630-6（平裝）
1. 魚－飼養
437.868 85008726

KAISUIGO O KAU HITO NO TAMENI

Originally published in Japan in 1993 by IKEDA SHOTEN PUBLISHING CO., LTD
Chinese translation rights arranged through KEIO CULTURAL ENTERPRISE CO., LTD

版權仲介：京王文化事業有限公司

海水魚飼養法 ISBN 957-557-630-6

原著者／田中智浩
編譯者／吳秋嬌
發行人／蔡森明
出版者／大展出版社有限公司
社 址／台北市北投區（石牌）致遠一路2段12巷1號
電 話／（02）28236031・28236033・28233123
傳 真／（02）28272069
郵政劃撥／01669551
網 址／www.dah-jaan.com.tw
E-mail／service@dah-jaan.com.tw
登記證／局版臺業字第2171號
承印者／國順文具印刷行
裝 訂／協億印製廠股份有限公司
排版者／千兵企業有限公司
初版1刷／1996年（民85年）10月
初版2刷／1999年（民88年） 2月
初版3刷／2001年（民90年） 8月
初版4刷／2005年（民94年） 1月
定價／300元